中等职业教育国家规划教材
全国中等职业教育教材审定委员会审定
全国建设行业中等职业教育推荐教材

建筑装饰工程定额与预算

（建筑装饰专业）

主编　王春宁
编　　王华欣　王　松
审稿　纪鸿声　孟宪海

中国建筑工业出版社

图书在版编目（CIP）数据

建筑装饰工程定额与预算/王春宁主编.—北京：中国建筑工业出版社，2003

中等职业教育国家规划教材．建筑装饰专业
ISBN 978-7-112-05400-8

Ⅰ．建… Ⅱ．王… Ⅲ．①建筑装饰—建筑经济定额—专业学校—教材②建筑装饰—建筑预算定额—专业学校—教材 Ⅳ．TU723.3

中国版本图书馆CIP数据核字（2003）第005252号

本书根据《全国统一建筑工程基础定额》和国家有关建设工程费用的规定，并结合目前建筑装饰市场的实际情况，从技术经济上研究建筑装饰产品生产过程中的产品数量和资源消耗量之间的关系及内在规律，论述了建筑装饰工程定额的编制和装饰造价的确定方法。全书共八章，在定额和单价部分主要介绍了建筑装饰工程基础定额、预算定额和单位估价表的基本原理及编制方法。在预、结算部分主要介绍了建筑装饰工程预算、工程结算的编制及建筑装饰工程预、结算的审查方法，并对建筑装饰工程费用计算和施工图预算的编制作以重点论述。教材最后简要叙述了建筑装饰工程招投标的基本知识和投标报价的编制原理。

本书主要作为中等职业技术学校的建筑装饰专业教材，亦可作为有关专业人员的培训教材。对于建筑施工企业的预算、财会、项目经理、工长及经济核算等专业人员的自学，也有较好的参考作用。

中等职业教育国家规划教材
全国中等职业教育教材审定委员会审定
全国建设行业中等职业教育推荐教材
建筑装饰工程定额与预算
（建筑装饰专业）
王春宁　主编

*

中国建筑工业出版社出版、发行（北京西郊百万庄）
各地新华书店、建筑书店经销
北京市兴顺印刷厂印刷

*

开本：787×1092毫米　1/16　印张：10¼　字数：245千字
2003年2月第一版　2011年2月第十二次印刷
定价：15.00元
ISBN 978-7-112-05400-8
（14893）

版权所有　翻印必究
如有印装质量问题，可寄本社退换
（邮政编码 100037）

中等职业教育国家规划教材出版说明

为了贯彻《中共中央国务院关于深化教育改革全面推进素质教育的决定》精神，落实《面向21世纪教育振兴行动计划》中提出的职业教育课程改革和教材建设规划，根据教育部关于《中等职业教育国家规划教材申报、立项及管理意见》（教职成〔2001〕1号）的精神，我们组织力量对实现中等职业教育培养目标和保证基本教学规格起保障作用的德育课程、文化基础课程、专业技术基础课程和80个重点建设专业主干课程的教材进行了规划和编写，从2001年秋季开学起，国家规划教材将陆续提供给各类中等职业学校选用。

国家规划教材是根据教育部最新颁布的德育课程、文化基础课程、专业技术基础课程和80个重点建设专业主干课程的教学大纲（课程教学基本要求）编写，并经全国中等职业教育教材审定委员会审定。新教材全面贯彻素质教育思想，从社会发展对高素质劳动者和中初级专门人才需要的实际出发，注重对学生的创新精神和实践能力的培养。新教材在理论体系、组织结构和阐述方法等方面均作了一些新的尝试。新教材实行一纲多本，努力为教材选用提供比较和选择，满足不同学制、不同专业和不同办学条件的教学需要。

希望各地、各部门积极推广和选用国家规划教材，并在使用过程中，注意总结经验，及时提出修改意见和建议，使之不断完善和提高。

教育部职业教育与成人教育司
2002年10月

前　言

建筑装饰业是集文化、艺术和技术于一体的综合性行业，它是基本建设中的重要组成部分。准确合理地确定建筑装饰工程造价，对于搞好基本建设计划和投资管理，合理使用工程建设资金，提高投资效益，深化建筑业的发展，全面推行招标投标制，将有直接的影响。为此，我们编写了《建筑装饰工程定额与预算》，这本书力图为在校学生和广大从事装饰预算人员，提供系统的装饰预算理论知识和适用的操作方法。

《建筑装饰工程定额与预算》是一门专业性和实践性很强的技术经济学科。为便于广大读者了解和掌握建筑装饰工程造价的计算，本书遵循了理论与实践相结合的原则，以《全国统一建筑工程基础定额》和国家有关建设工程费用的规定为依据，力求计算方法简明，图文并茂，重点明确，深入浅出。

全书主要内容有：绪论、建筑装饰工程定额、单位估价表、建筑装饰工程概（预）算概论、建筑装饰工程费、建筑装饰工程预算的编制、建筑装饰工程结算、建筑装饰预（结）算审查和建筑装饰工程施工招标与投标等。

本书是由黑龙江建筑职业技术学院和黑龙江省高技建筑装饰工程公司共同努力下完成的。其中绪论、第三章、第四章、第五章的第一、二、三节，第六章及第七章由王春宁编写；第一章、第二章及第五章的第四、五、六节由王华欣编写；第八章由王松编写。全书由王春宁主编和统稿，并受教育部委托，由清华大学建设管理系纪鸿声和孟宪海教授对全书进行主审。

本书在编写过程中，得到了黑龙江省建设工程定额站及有关部门的支持，并参阅了有关作者的书籍和文献，在此表示由衷的感谢。

由于时间紧迫，编者水平有限，书中难免有疏漏和不当之处，恳请专家和广大读者给予批评指正。

带※号章节为选学内容。

目　　录

绪论 ··· 1

第一章　建筑装饰工程定额 ··· 3
　第一节　概述 ··· 3
　第二节　建筑装饰工程基础定额 ··· 9
　第三节　建筑装饰工程预算定额 ··· 13
　第四节　装饰工程预算定额的应用 ··· 19
　思考题与习题 ·· 20

第二章　单位估价表 ··· 21
　第一节　概述 ··· 21
　第二节　单位估价表的基价确定 ··· 22
　第三节　单位估价表的编制 ·· 33
　第四节　定额项目基价换算 ·· 36
　思考题与习题 ·· 39

第三章　建筑装饰工程概预算概论 ····································· 40
　第一节　概述 ··· 40
　第二节　建筑装饰工程概预算分类 ··· 45
　第三节　建设工程造价的构成 ·· 48
　思考题与习题 ·· 50

第四章　建筑装饰工程费 ·· 51
　第一节　费用定额 ·· 51
　第二节　直接工程费 ··· 53
　第三节　间接费 ·· 56
　第四节　利润和税金 ··· 57
　第五节　其他有关工程费用 ·· 58
　思考题与习题 ·· 61

第五章　建筑装饰工程预算的编制 ····································· 62
　第一节　概述 ··· 62
　第二节　装饰工程量计算的基本原理 ··································· 64
　第三节　建筑面积计算 ··· 68
　第四节　装饰工程量计算 ··· 75
　第五节　建筑装饰工程预算的编制 ··· 96
　第六节　建筑装饰工程预算编制实例 ··································· 102
　思考题与习题 ·· 121

第六章　建筑装饰工程结算 ·· 122

第一节　工程结算的基本原理……………………………………………122
　　第二节　工程结算的编制方法……………………………………………127
　　思考题与习题………………………………………………………………133
第七章　建筑装饰预结算审查………………………………………………134
　　第一节　预结算审查的基本原理…………………………………………134
　　第二节　审查预结算的具体内容…………………………………………140
　　思考题与习题………………………………………………………………143
※第八章　建筑装饰工程招标与投标…………………………………………144
　　第一节　概述………………………………………………………………144
　　第二节　招标标底的编制…………………………………………………145
　　第三节　投标报价的编制…………………………………………………147
　　第四节　开标、评标与中标………………………………………………151
　　思考题与习题………………………………………………………………154
　　主要参考书目………………………………………………………………155

绪　　论

建筑装饰工程定额是指在正常的施工条件下，完成一定计量单位、质量合格的装饰产品，所必须消耗的人工、材料、机械台班的数量标准。建筑装饰工程预算，是根据装饰设计图纸计算的产品数量，结合定额、单价等资料，确定建筑装饰工程造价而编制的技术经济文件。

一、建筑装饰定额与预算的研究对象和任务

建筑装饰业是集文化、艺术和技术于一体的综合性新兴行业，建筑装饰行业的最终产品——建筑装饰工程。建筑装饰产品的生产过程同其他物质生产过程一样，存在着产品质量、数量与资源消耗数量、价格之间的关系问题。

近几年来，随着我国人民生活水平的不断提高，人们对建筑装饰要求越来越高，从而引发了人们对建筑装饰的浓厚兴趣，也促进了建筑装饰工程的迅速发展。由以往的楼堂馆所为代表的商业建筑装饰，转向以住宅建筑为代表的家居装饰。现在，高级建筑装饰遍地皆是，人们追求的装饰档次愈来愈高，导致装饰工程造价在整体建设工程中所占的比例亦愈来愈大。土建、设备及安装、装饰的造价比例，已由以往的5:3:2，发展到现在3:3:4，个别五星级酒店工程达到2:3:5。建筑装饰工程造价的合理性，已直接影响着建设工程投资的组合与稳定。要想全面提高建筑装饰投资的经济效益，除了要抓好装饰材料、装饰设计、施工技术和管理水平外，更重要的是抓好装饰造价问题。也就是对建筑装饰工程在施工过程中所消耗的人力、物力和财力，通过科学地制定定额和合理地编制概（预）算，客观真实地反映装饰工程的资源消耗数量和资金。

因此，建筑装饰工程定额与预算，是以建筑装饰工程为对象，从经济上研究建筑装饰产品在生产过程中的产品数量与资源消耗量之间的关系，合理确定单位产品的人工、材料和机械台班消耗数量标准（定额），并根据装饰设计文件的内容，国家制定的定额标准，准确、合理地确定建筑装饰产品的造价。

建筑装饰工程定额与预算的任务，是以马克思主义价值理论和社会主义商品经济规律及价值规律为指导，正确反映建筑装饰产品生产过程中的活劳动和物化劳动的消耗数量，准确合理地编制概预算，以达到减少资源消耗，降低工程成本，提高投资经济效益的目的。

二、建筑装饰工程定额与预算的主要内容

建筑装饰工程定额与预算的内容，主要包括建筑装饰工程定额和建筑装饰工程预算两大部分。

建筑装饰产品数量与资源消耗量之间关系的研究，属于建筑装饰定额的研究范围；建筑装饰产品价格的确定，属于建筑装饰工程预算的研究范围。本教材的具体内容主要包括：

（一）建筑装饰工程定额与估价表

包括建筑装饰工程定额的基本原理、建筑装饰工程基础定额及"三量"(人工、材料、机械台班消耗量)消耗指标的确定、装饰工程预算定额的应用、单位估价表的基本原理、单位产品基价确定、单位估价表的编制及基价换算。重点论述建筑装饰工程预算定额和单位估价表的编制及应用方法。

(二)建筑装饰工程概预算

包括建设工程概预算概论、建筑装饰工程费、建筑装饰工程预算、工程结算及装饰预结算审查等内容。重点论述建筑装饰工程预算的编制方法和装饰工程量的计算,并附以装饰工程预算的编制实例,以助学习之参考。

三、本课程与其他学科的关系及学习方法

建筑装饰工程定额与预算,是一门艺术性与技术性、专业性、综合性很强的技术经济管理学科。它涉及的内容广泛,理论面宽,实践性强。因此,要想学好本门课程,必须以政治经济学、建筑经济学、投资经济学等经济理论为指导,并要掌握一定的室内外装饰设计、建筑与装饰识图、建筑与装饰材料、建筑与装饰构造、建筑装饰施工技术、建筑装饰施工组织等工程技术管理方面的专业基础知识。

在学习本课程过程中,学生必须坚持理论与实践相结合,弄懂弄通基本概念和基本知识,掌握建筑装饰预算定额与单位估价表的应用和施工图预算的编制方法,重点掌握建筑装饰工程造价计算和装饰工程量的计算方法。认真完成课后的复习思考题和练习题,并在最后能独立完成一套建筑装饰工程预算的编制。

第一章 建筑装饰工程定额

第一节 概 述

建筑装饰工程定额是指在正常的施工条件下，生产一定计量单位的质量合格装饰工程产品所必需消耗的人工、材料、机械台班的数量标准。

一、建筑装饰定额的性质

（一）定额的法令性及指导性

建筑装饰工程定额在执行中具有很大的权威性。它是由国家各级主管部门按照一定的科学程序，合理的编制、审批和颁布的。这些定额及其中统一的、可靠的参数成为建设单位和施工单位建立经济关系的重要基础，同时也是设计单位和建设银行进行工作的重要依据。任何单位和职能机构都必须严格执行，未经允许，不得任意进行修改。如果有必要修改定额当中的某些指标数据时，必须经主管部门或授权颁布单位统一负责修订。

随着装饰市场经济体制的深化改革，定额的法令性已面临着新的考验。随着投资体制已由单一国家主体向主体多元化格局形成，企业经营机制的转换，招标与投标的广泛推行和建筑装饰产品商品化的发展等，使市场的供求关系发生一定的变化，势必影响定额的水平，所以说定额的法令性和权威性不应绝对化。但并不是说定额的法令性就完全没有必要。目前，在装饰市场还没有完全规范的形势下，赋予定额以法令性是绝对必要的，它作为统一的经济数据，仍具有非常深远的指导作用。所以定额在统一的原则下又具有必要的灵活性，即法令性和指导性相结合，使其能更好地符合基本建设的客观要求。

（二）定额的科学性

定额反映一定的社会生产水平，与一定时期的工人操作技术水平、机械化程度以及新材料、新工艺、新技术和企业组织管理水平等有着密切的联系，它必须与生产力发展相适应，能够正确地反映产品劳动消耗的客观需要量。同时在理论、方法上达到科学化，以适应当今社会经济建设迅速发展的需要。定额的科学性，表现在定额是在认真研究工程建设中生产消耗的客观规律前提下，自觉遵循客观规律的要求，用科学方法而确定的。同时，定额的科学性还表现在它考虑了社会主义市场经济规律、价值规律和时间节约规律的作用，经过长期严谨的观测、广泛搜集有关合理的经验数据和资料，并在制定定额的技术方法上吸取现代科学管理的成就来研究工时、材料、机械的利用状况和消耗情况。制定出合理的施工组织方案，反映当前生产力水平的较为先进的施工工艺，形成一套科学的、严密的、行之有效的制定定额的技术方法。

（三）定额的群众性

定额的群众性，首先从编制人员来说，除从下属各省、市、行署建设行政主管部门抽调定额主管人员外，还从建设单位、施工单位、设计单位、监理单位中邀请从事定额工作多年的专家，组成专业小组，负责编制定额工作。所以说，定额的编制，是在企业职工等的直接参与下而进行的,他们所观测出的一些数据和经验的交流资料,使定额的编制能从实际出发,真实地、实事求是地反映群众的愿望。其次,定额的水平不是代表少数先进生产者的生产效率,也不是代表落后生产者的生产效率,定额水平的高低主要来源于大多数生产者所能够创造的生产力水平的高低,这种生产力水平就是指在正常施工条件下,多数工人经过努力可以达到或超过,少数工人经过努力可以接近或完成的水平。所以,要求定额反映社会生产力的水平和发展方向,通过确定定额水平推动社会生产力向更高的水平发展。因此,它具有雄厚的群众基础和相对的先进性。另外,定额的执行是依靠广大群众的亲身实践,使定额的应用易于为人们所掌握,并保持相对的先进性。

(四)定额的时间性

定额具有时间性,表示定额并不是固定不变的。因为一定时期的定额只能代表一定时期施工企业管理的水平、工人的技术水平、施工机械化水平以及新材料、新工艺等建筑技术发展水平。而随着我国社会主义经济建设的迅速发展,企业经营管理水平等各方面不断提高以及层出不穷的新材料、新技术和新工艺,促使定额水平也要提高。这就要求必须重新编制新的定额或补充定额,以满足一定时期内产品生产和生产消费之间特定的数量关系,来符合新的生产技术水平。

以上定额的四种性质具有紧密的联系,定额的科学性是定额法令性及指导性的客观依据,定额的时间性是定额执行的前提,定额的法令性是定额执行的保证,而定额的群众性是定额执行的坚实基础。

二、建筑装饰工程定额的作用

(1)是编制装饰工程施工图预算,确定工程造价的依据,也是装饰工程招标单位编制标底和投标单位确定标价的依据。

装饰工程造价是根据设计施工图纸所确定的工程量及相应的人工、材料和机械台班消耗量,从而确定工程所需的资金数额。其中人工、材料和机械台班的消耗量必须以装饰定额为准进行计算。同样,对于招投标工程,招标单位编制标底,投标单位确定标价均应以定额为依据。

在投标竞争中,装饰施工企业报价太高,投标必然失败;报价太低,可能导致亏损。在当今市场经济条件下,装饰施工企业如何科学、正确地进行投标报价,是一个值得我们认真研究和探讨的新课题。装饰施工企业可以依据定额计算装饰工程造价进行报价,也可不依据定额进行相应的估价,或者根据装饰工程的性质、本企业的资质水平,结合本地区目前的多方面因素等进行灵活报价。但不管施工企业应用何种形式进行投标报价,报价的方法应规范化,即均应以建筑装饰定额作为计价基础,科学合理地确定装饰工程的报价数额,以使报价接近于标底,从而提高中标率。

(2)是装饰工程设计阶段对设计方案或某种新材料、新工艺进行技术经济评价的依据。

对装饰工程的设计既要讲究美观、舒适及符合使用功能,同时还要满足经济要求,以求得设计效果与经济合理的完美统一。这就要求必须进行多方案比较。根据建筑装饰定额计算出各个装饰设计方案的工程造价,同时与装饰设计效果进行比较,在设计效果相同的诸方案中,工程造价低的则是最佳的设计方案。或者在要求控制工程造价的前提下,造价相同的诸方案中,设计效果好的则应为当选的设计方案。通过技术经济评价可以选择出装饰效果最佳且经济最合理的设计方案。同时也可根据建筑装饰定额对新材料、新工艺进行相应的技术经济评价。

(3) 是装饰单位申请银行贷款和签定施工合同的依据。

装饰单位依据建筑装饰定额编制装饰工程造价，并以此作为依据向银行等金融机构申请贷款，经审查合格后方可被批准。另外，承发包双方对装饰工程签定施工合同时，也必须以工程造价预算和结算所依据的定额及相应的有关规定，作为施工合同签定和执行的依据。

(4) 是承发包双方进行工程结算的依据。

(5) 是有关主管部门进行审核、审计的依据。

装饰工程项目的主管部门或政府审批部门以及依法对投资项目进行审计的有关部门和单位，都必须以建筑装饰定额作为统一尺度，对其进行相应的审批和审计工作。

(6) 是装饰施工企业加强经营管理，进行内部经济核算的依据。

对于装饰施工企业进行经济核算，考核工程成本，是改善经营管理、降低工程成本、提高利润的重要前提。盈利的优劣是根据施工企业的实际工程成本和依据建筑装饰定额所提供的人工、材料、机械的消耗而计算的建筑装饰工程预算成本进行对比分析，即用施工预算和施工图预算进行互审，从中发现矛盾，并及时分析原因，然后予以纠正。这样有利于企业提高劳动生产率，降低物耗，确保工程成本自始至终处于有效控制之中，从而使企业获得最佳的经济效益。

三、建筑装饰工程定额的分类

建筑装饰工程定额是由基础定额——劳动定额、材料消耗定额、机械台班定额综合扩大而成。根据使用对象和组织施工生产的目的和要求不同，定额的种类、内容、表现形式和用途也不同，建筑装饰工程定额只是建设工程定额体系的一个组成部分。

(一) 按生产要素划分

物质生产的三大要素是劳动者、劳动手段和劳动对象，定额按三要素进行编制是最基本的分类，具体表现为劳动定额、材料消耗定额和机械台班使用定额。它直接反映出了生产某种合格产品所必须具备的基本因素，如图1-1所示。

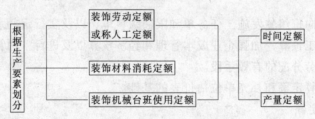

图1-1 建筑装饰定额根据生产要素划分

(二) 按编制程序和用途划分

根据编制程序和用途不同可划分为装饰工序定额、装饰施工定额、装饰预算定额、装饰概算定额与概算指标、装饰估价指标。这些定额中除工序定额、估价指标外，又都包括根据生产要素划分的装饰劳动定额、装饰材料消耗定额和装饰机械台班使用定额，如图1-2所示。

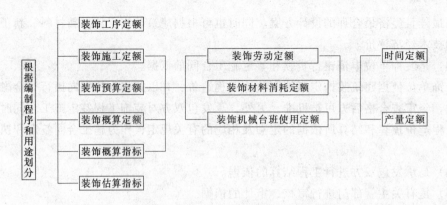

图 1-2 建筑装饰定额根据编制程序和用途划分

1．装饰工序定额

工序定额是以个别工序为标定对象，它是施工定额的基础。例如：某省编制的施工定额中楼地面铺地砖，项目的工作内容包括：①清理基层、锯板磨边、贴地砖、擦缝、清理净面；②调制水泥砂浆、刷素水泥浆等操作过程。

2．装饰施工定额

(1) 施工定额的含义

施工定额是装饰施工企业内部直接用于装饰工程施工管理的一种定额，它是确定施工工人或小组在正常的施工条件下，完成单位产品所必需的人工、材料、机械台班消耗的数量标准。

(2) 施工定额的组成

施工定额由劳动定额、材料消耗定额和机械台班使用定额组成。施工定额既考虑了预算定额划分分部分项的方法和内容，又考虑了劳动定额分工种的做法。其工作的内容比劳动定额有适当的综合扩充，但又比预算定额细。

(3) 施工定额的作用

1) 是编制施工组织设计和施工作业计划，以及施工企业内部计算劳动力、材料和机械需要量的依据。

2) 是施工队向班组签发施工任务单和限额领料单，以及实行定额承包制的依据。

3) 是编制施工预算，加强企业成本管理和经济核算以及进行"两算"对比的基础。

4) 是实行按劳分配的有效手段。

5) 是编制预算定额和补充单位估价表的基础。

3．装饰预算定额

(1) 预算定额的含义

预算定额是指在正常的施工条件下，完成装饰工程基本构造要素所需人工、材料和机械台班消耗数量的标准。预算定额是在劳动定额、材料消耗定额和机械台班使用定额的基础上，结合有关资料综合分析，并加上定额幅度差后编制而成的。

(2) 预算定额的编制原则

1) 必须全面贯彻执行党和国家有关方针、政策的原则，坚持集中领导，分级管理。

2) 必须贯彻"技术先进、经济合理"的原则，同时按社会平均水平确定预算定额水平。

3）必须体现"简明适用"的原则。

（3）预算定额的作用

1）是编制施工图预算的依据。

2）是对设计方案进行技术经济评价，对新结构、新材料进行技术经济分析的主要依据。

3）是建筑装饰企业进行经济核算和考核工程成本的依据。

4）是拨付工程价款和工程结算的依据。

5）是进行投标报价、投资包干、招标承包制的重要依据。

4．装饰概算定额

（1）概算定额的含义

概算定额是根据装饰工程扩大初步设计阶段或技术设计阶段编制工程概算的需要而编制的。概算定额是确定生产一定计量单位的建筑工程扩大结构构件或扩大分项工程所需人工、材料和机械台班消耗数量的标准。

概算定额是在预算定额的基础上，以主体结构分部为主，合并了预算定额中与主体结构相关的分项工程，综合扩大成一个项目，所以也称为扩大结构定额。

（2）概算定额的作用

1）是编制扩大初步设计概算、技术设计阶段修正概算的依据。

2）是确定基本建设项目投资额和编制基本建设计划的依据。

3）是基本建设项目实行招投标和投资包干的依据。

4）是对设计方案进行技术经济分析、比较，选择最佳设计方案的依据。

5）在施工组织总设计、总规划中，概算定额是制定施工总进度计划和各种资源需要量计划的依据。

6）是控制工程投资和施工图预算的依据。

7）是编制概算指标的基础资料。

5．装饰概算指标

（1）概算指标的含义

概算指标是在装饰工程初步设计阶段，为编制工程概算，计算和确定工程初步设计造价、计算人工、材料和机械台班需要量而制定的一种定额。

概算指标是以整个建筑物为编制对象，以建筑结构装饰面积或体积为计量单位，规定所需人工、材料、机械台班消耗量和资金数量的定额指标。因此，概算指标比概算定额更加综合扩大，更具有综合性。

（2）概算指标的作用

1）是编制初步设计概算的依据。

2）是对设计方案进行技术经济分析、比较和选择最佳设计方案的依据。

3）是建设单位编制基本建设投资计划的依据。

6．装饰估价指标

（1）估价指标的含义

估价指标是以概算定额或概算指标为基础，综合各类装饰工程结构类型和各项费用所占投资比重,规定不同用途、不同结构、不同部位的建筑产品,所含装饰工程投资费用而编制的。

(2) 估价指标的作用

1) 是可行性研究阶段编制装饰工程投资估算的依据。

2) 是装饰项目投资决策的依据。

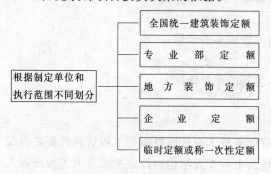

图 1-3 建筑装饰定额根据制定单位和执行范围不同划分

(三) 按制定单位和执行范围不同划分,如图 1-3 所示。

1. 全国统一建筑装饰工程定额

全国统一装饰工程定额由国家主管部门制定和颁发,并在全国范围内使用,它是综合全国各地的装饰施工技术、物耗劳动生产率和施工管理等情况而编制的。我国在 1995 年以建标〔1995〕736 号文发布新的《全国统一建筑工程基础定额》,此定额中的装饰工程部分即是全国统一装饰定额。

2. 专业部定额

专业部定额由中央各部制定和颁布,它是根据专业性质的不同而编制的,其专业性很强,一般只在本部门范围内执行。例如:煤炭工业部编制的矿井建设工程定额、铁道部编制的铁路建设工程定额等。

3. 地方装饰定额

地方定额是由各省、自治区、直辖市主管部门制定和颁布,只允许在规定的地区范围内使用,它是在全国统一装饰定额水平的基础上,考虑了各地区的生产技术、气候、地方资源和交通运输的特定性而编制的。规定凡在本地区范围内的装饰工程,都必须执行本地定额,具有"地方统一定额"的性质。

4. 企业定额

企业定额由装饰施工企业自行编制并限于内部使用,它是因为装饰施工企业间施工技术和企业资质水平的不同,现行的定额项目在应用中与实际存在一定的差距,已不能满足本企业的需要,故企业可以根据实际情况来编制补充定额,并上报主管部门审批后颁发执行。

5. 临时定额(或称一次性定额)

在上述全国统一建筑装饰定额、专业部定额、地方装饰定额和企业定额中如有缺项现象,可编制相应的临时定额。

(四) 按费用性质不同划分

按费用性质不同可划分为直接费定额(单位估价表,见第二章)、建筑安装工程费用定额、工器具定额和其他工程费用定额等,如图 1-4 所示。

1. 建筑安装工程费用定额

建筑安装工程费用定额主要包括其他直接费定额、现场经费定额和间接费定额等内容。

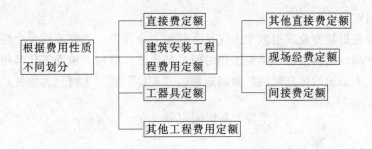

图 1-4　建筑装饰定额根据费用性质不同划分

（1）其他直接费定额。是指预算定额分项内容以外，而与建筑装饰施工生产又有一定直接关系而发生的费用。其他直接费定额由于其费用发生的特点不同，只能独立于直接费定额之外。

（2）现场经费定额。是指与现场施工直接有关，是施工准备、组织施工生产和管理所需的费用定额。

（3）间接费定额。是指与建筑安装施工生产的个别产品无关，而为企业生产全部产品所必需，为维持企业的经营管理活动所必须发生的各项费用。由于间接费中许多费用的开支和施工任务的多少没有直接联系，因此，通过对间接费用定额进行管理，有效地控制间接费的发生是十分必要的。

2．工器具定额

工器具定额是为新建和扩建项目投产运转首次配置的工、器具数量标准。工具和器具，是指按照有关规定不够固定资产标准而起劳动手段作用的工具、器具和生产用家具。

3．其他工程费用定额

其他工程费用定额是独立于建筑安装工程、设备和工器具购置之外的其他费用开支的标准。其他工程费用的发生与整个工程项目的建设息息相关。它一般占项目总投资的10％左右。

第二节　建筑装饰工程基础定额

建筑装饰工程基础定额是以分项工程表示的人工、材料、机械使用量的消耗标准。它是按照正常的施工条件，目前大多数企业的装备程度、劳动组织、合理的工期和施工工艺编制而成的一种消耗定额。

建筑装饰工程基础定额将定额的项目划分、计量单位、工程量计算规则在全国范围内进行统一，是全国统一定额。它是依据现行国家标准、设计规范、施工验收规范、质量评定标准和安全操作规程，同时参考了专业、地方标准，有代表性的工程设计，施工资料和其他资料制定的。

一、劳动定额（人工定额）

劳动定额是指在合理的劳动组织和合理使用材料的条件下，完成单位合格产品所必须劳动力消耗的数量标准。

1．劳动定额的表现形式

(1) 时间定额

时间定额是指某专业班组或个人在正常的施工条件下，为完成质量合格的单位产品所需要的工作时间。包括准备与结束工作时间、基本工作时间、辅助工作时间、不可避免的中断时间及工人必须的休息时间。时间定额以"工日"或"工时"为单位。

$$单位产品时间定额 = \frac{1}{每工产量}$$

或

$$单位产品时间定额 = \frac{小组成员工日数的总和}{小组或台班产量}$$

(2) 产量定额

产量定额是指某专业班组或个人在正常的施工条件下，单位时间（工日）内应完成质量合格的产品数量。产量定额以物理或自然单位作为计量单位。

$$产量定额 = \frac{1}{单位产品时间定额}$$

或

$$台班产量 = \frac{小组成员工日数的总和}{单位产品时间定额}$$

时间定额和产量定额都表示同一劳动定额，时间定额便于计算劳动量，产量定额便于给施工班组下达施工任务。

2. 劳动定额的作用

(1) 是施工企业内部编制生产计划、作业计划、施工进度计划、劳动工资计划等的依据。

(2) 是施工企业考核劳动生产率的依据。

(3) 是施工企业签发施工任务单的依据。

(4) 是施工企业核算劳动工资的依据。

(5) 是施工企业按定额进行计件承包制的依据。

(6) 是编制施工定额及概预算定额的依据。

3. 劳动定额的制定方法

(1) 经验估计法。是根据定额专业人员、工程技术人员和工人三结合的实践经验，并参照有关技术资料，结合设备、工具和其他施工生产条件，座谈讨论制定定额的方法。

这种方法适用于产品品种多、批量小或不易计算工程量的施工作业。其优点是简便易行、速度快、工作量小。缺点是缺乏科学技术依据，易出现偏高或偏低现象。所以对经常采用的施工项目，不宜用经验估计法来制定定额。

(2) 统计分析法。是将同类工程或同类产品的工时消耗统计资料，结合当前的技术、组织条件，进行分析、研究制定定额的方法。

这种方法适用于施工条件正常、产品稳定、统计制度健全、统计工作真实可信的情况。其优点是有较多的资料依据，能反映实际情况并且简便易行。缺点是由于统计资料中不可避免地包含着生产和组织管理中的一些不合理因素，从而影响了定额的准确性。为了减少不合理因素的影响，应选择有代表性和一般水平的施工队组来统计资料，并采取有力措施，以提高统计分析工作的准确度。

(3) 比较类推法。是以同类型工序或产品的典型定额为标准，用比例数示法或图示坐标法，经过分析比较，类推出相邻项目定额水平的方法。这种方法适用于同类型产品，其准确程度取决于典型定额数据的准确性。

（4）技术测定法。是通过深入调查，拟定合理的技术条件、组织条件、操作方法，对施工过程各组成部分通过实地观察测定，分别测定每个工序的工时消耗，然后对测定的数据进行处理而制定定额的方法。

技术测定法通常采用的方法有测时法、写实记录法、工作日写实法和简易测定法四种方法。测时法是研究施工过程中各循环组成部分定额工作时间的消耗，即主要研究基本工作时间；写实记录法是一种研究各种性质的工作时间消耗的方法，包括准备与结束时间、基本工作时间、辅助工作时间、不可避免中断时间、休息时间及各种损失时间。采用这种方法，可以获得分析工作时间消耗的全部资料，并且准确程度可达到 0.5～1min；工作日写实法是一种研究整个工作班内的各种工时消耗的方法。运用这种方法来分析哪些工时消耗是有效的，哪些是无效的，进而找出工时损失的原因，并拟定出改进的技术及组织措施。工作日写实法具有技术简便、费力不多、应用面广和资料全面的优点，在我国是一种采用较广的编制定额的方法；简易测定法是保持现场实地观察记录的原则，对前几种测定方法予以简化。

技术测定法测定的定额水平科学、精确。但技术水平要求高，工作量大，因此在技术测定机构不健全、不完善的情况下，不宜采用此方法。

二、材料消耗定额

材料消耗定额是指在节约与合理使用材料的条件下，生产单位合格产品所必须消耗的一定规格材料数量的标准。包括直接消耗在装饰工程材料中的净用量和不可避免的场内材料装卸堆放、运输及施工操作的损耗量。

1. 装饰材料消耗定额的计算

$$材料消耗量 = 材料净用量 \times (1 + 材料损耗率)$$

$$材料损耗率 = \frac{损耗量}{净用量} \times 100\%$$

2. 材料消耗定额的作用

（1）是施工企业内部编制材料需用量计划、材料供应计划、运输计划、仓储计划等的依据。

（2）是施工企业签发限额领料单的依据。

（3）是施工企业实行定额承包的依据。

（4）是施工企业进行经济核算的依据。

（5）是编制施工定额及概预算定额的依据。

3. 材料消耗定额的制定方法

材料消耗定额的制定方法，主要有观测法、试验法、统计法和理论计算法。

（1）观测法。是对施工过程中实际完成产品的数量与所消耗的各种材料数量进行现场观察测定，通过计算确定装饰材料消耗定额的一种方法。

观测法首先应注重的问题是观测对象的选择，即对所观测的装饰工程应具有代表性；施工技术、施工条件应符合操作规范要求，装饰材料的规格、质量应满足施工要求；被观测对象的技术操作水平、工作质量、节约用量等情况均应良好。

(2) 试验法。是在试验室内通过专门的仪器设备确定材料消耗定额的一种方法。

在试验室通过细致地研究影响材料消耗的各种原因,以取得较精确的计算数据。但用于施工生产时必须加以必要的校核和修正。

(3) 统计法。是通过对现场进料、用料的大量统计资料进行统计整理分析,以确定材料消耗定额的方法。

统计法的优点是不需要组织专门人员进行测定和试验。但统计数据往往包含了施工中的不合理损耗及其他原因造成的浪费。所以用此种方法确定材料消耗量的准确性往往不高。

(4) 理论计算法。是运用一定的数学公式计算材料消耗定额的方法。

理论计算法适用于不易产生损耗,且容易确定废料的材料,如瓷砖、釉面砖、玻璃等均可采用计算法,这是确定材料消耗量的主要方法。

【例1-1】 墙面用 1∶1 水泥砂浆贴 200mm×200mm×5mm 釉面砖,结合层厚度 10mm,灰缝宽 2mm,试计算 100m² 墙面釉面砖的消耗量。釉面砖损耗率为 1.5%。

【解】 釉面砖净用量 $= \dfrac{100}{(0.2+0.002)\times(0.2+0.002)} = 2450.74$(块)

釉面砖消耗量 $= 2450.74\times(1+1.5\%) = 2487.50$(块)

三、机械台班使用定额

机械台班使用定额是指在正常的施工条件下,某种施工机械完成单位合格产品所必须消耗的机械台班数量标准。

1. 机械台班使用定额的表现形式

(1) 机械时间定额

机械时间定额是指在正常的施工条件下,某种机械设备完成单位合格产品所必须消耗的工作时间。以台班为单位。

$$单位产品时间定额 = \dfrac{1}{每台班产量}$$

(2) 机械产量定额

机械产量定额是指在正常的施工条件下,某种机械设备在单位时间内完成的合格产品数量。其计算公式如下:

$$机械产量定额 = \dfrac{1}{机械时间定额}$$

或

$$机械产量定额 = \dfrac{小组成员工日数总和}{人工时间定额}$$

2. 机械台班使用定额的作用

(1) 是施工企业编制生产计划、作业计划、施工进度计划等的依据。

(2) 是施工企业考核机械设备生产效率的依据。

(3) 是施工企业签发施工任务单的依据。

(4) 是施工企业按定额实行承包制的依据。

(5) 是编制施工定额及概预算定额的依据。

第三节　建筑装饰工程预算定额

一、建筑装饰工程预算定额的内容

建筑装饰工程预算定额是按一定的顺序，分章节、项目和子项目汇编成册的。

建筑装饰工程预算定额的内容由总说明、目录、分章说明及其相应的工程量计算规则、定额项目表和有关附图、附表（附录）组成。

建筑装饰工程预算定额构成如图 1-5 所示。

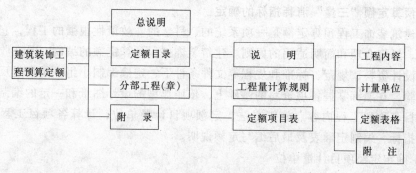

图 1-5　建筑装饰工程预算定额构成框图

（一）总说明

定额总说明，主要概述如下内容：

(1) 编制定额的目的、指导思想，以及建筑装饰工程预算定额的适用范围和作用。

(2) 定额的编制原则、编制依据及上级下达的有关定额修编文件精神。

(3) 应用该定额时必须遵守的规则。

(4) 定额中有关问题的说明和使用方法。

(5) 定额中的主要项目考虑和未考虑的因素。

(6) 对定额中所采用的材料规格、材质的确定以及允许换算的原则。

（二）定额目录

为便于更快捷地查找定额，把各章、节以及说明、工程量计算规则及附表（附录）等按各分部（项）的顺序注明所在页码作以标注。

（三）分章说明及工程量计算规则

分章说明是建筑装饰工程预算定额的重要组成部分，它是对各分部工程的重点说明。说明分部工程所包括的定额项目和子项目内容；定额的适用范围和使用定额时的一些基本规定；分部工程定额内的综合内容及允许换算和不许换算的规定；分部工程增减系数的规定；该分部工程中定额项目工程量的计算方法和规则。

（四）定额项目表

定额项目表是建筑装饰工程预算定额的主要构成部分。在定额项目表表头部位即定额项目表左上方列有工作内容，它主要说明定额项目的施工工艺和主要工序。在定额项目表右上方列出建筑装饰产品的定额计量单位。定额项目表是按分项工程的子项目进行排列的，并注明定额编号、项目名称等内容；子项目栏内列有完成定额计量单位装饰产品所需的定额基价，以及其中的人工费、材料费和施工机械使用费；同时还列出完成定额计量单位装饰产品所必须的人工、材料和施工机械消耗量。有的定额项目表下面还列有与本章节定额有关的附注。注明设计与本定额规定不符时如何进行调整和换算，以及说明其他应明确的但在定额总说明和章说明中未包括的问题。

（五）定额附图、附录

定额附图、附录是配合定额使用不可缺少的一个重要组成部分。附录的内容一般包括：机械台班价格、材料预算价格、铝合金门窗用料表、顶棚龙骨及配件表。附录主要用于进行定额换算和制定补充定额。

二、预算定额"三量"消耗指标的确定

编制建筑装饰工程预算定额是一项系统的、科学的、政策性很强的工程，它必须体现技术先进、经济合理和简明适用的原则。建筑装饰工程预算定额的编制，是在收集有关定额资料、设计资料、规范、标准和规程等文件条件下，定额编制小组人员经过反复的阅读分析、试验，在熟练掌握各项资料的基础上，依照典型的设计图纸和一定的编制步骤，确定定额项目名称和工程内容、施工方法、定额项目计量单位，计算各项目工程量和"三量"消耗指标，编制定额表及最后编写定额说明。

（一）确定定额项目计量单位

1. 确定定额计量单位的原则

建筑装饰工程预算定额的计量单位具有更为综合的性质，它要求能够确切地反映预算定额项目所包含的工作内容。它与施工定额的计量单位不同，施工定额一般按工序或工作过程的产品来选择，而预算定额的计量单位应与定额项目相适应，它主要根据分部分项工程（或配件）的形体特征和变化的规律来确定。确定建筑装饰工程预算定额应充分考虑以下几点原则。

(1) 能确切地反映最终单位产品的实物消耗量，以保证建筑装饰工程预算定额的准确性。

(2) 有利于精减定额项目，减少工程量计算，减少定额的换算工作和简化整个预算的编制工作。

(3) 便于把已完工程划分出来，从而利于组织施工，便于进行统计和核算工作。

预算定额的计量单位，通常按表 1-1 确定。

定额计量单位的确定 表 1-1

序号	分部分项工程（配件）形体特征和变化规律	定额计量单位	举 例
1	长、宽、高三个度量都发生变化	m^3	如土石方、砖石砌体、钢筋混凝土工程等
2	长、宽、高三个度量中只有两个发生变化	m^2	如墙面贴壁纸、地面铺地砖、顶棚轻钢龙骨吊顶工程等
3	截面形状大小固定，只有长度发生变化	m	如木装饰线、不锈钢楼梯扶手工程等
4	体积（面积）相同，但重量和价格差异较大	t 或 kg	如金属构件的制作、安装和运输等
5	形状不规律，难以准确量度	个、樘、套、件、盏等	如灯具安装、开关插座安装及门窗五金工程等

定额的计量单位确定后,为了便于书写计算和进行统计,在建筑装饰工程预算定额项目表中常采用扩大单位表示,如100m²、10樘等。

2．定额计量单位的表示方法

定额的计量单位均按国际标准法定单位执行,见表1-2。

定 额 的 计 量 单 位　　　　　　　　　　表1-2

计量单位名称	定额计量单位	计量单位名称	定额计量单位
长度	m	体积	m³
面积	m²	重量	kg或t

3．定额项目表中人工、材料、机械的计量单位和小数单位,见表1-3。

人工、部分材料、机械的计量单位和小数单位的取定　　　表1-3

项　目　名　称		计量单位	小数单位
人　工		工日	保留二位小数
主要材料及成品、半成品	玻璃	m²	保留二位小数
	大理石板	m²	保留二位小数
	水泥	kg	取整数
	木材	m³	保留三位小数
	钢筋及钢材	t	保留三位小数
	铝合金型材	kg	保留二位小数
	其他材料	依具体情况而定	保留二位小数
机　械		台班	保留二位小数
定　额　基　价		元	保留二位小数

（二）确定定额项目综合的工作内容

建筑装饰工程预算定额是综合性定额,包括为完成一个分部分项工程所必须的全部工作内容。如某省建筑装饰工程预算定额砖墙面水泥砂浆粘贴大理石工程,其综合的工作内容为:清理基层、调运砂浆、打底刷漆、切割面料、刷粘结剂、镶贴块料面层、砂浆勾缝（灌缝）、磨光、擦缝、打蜡养护。定额项目综合的工作内容一般根据编制建筑装饰工程预算定额的有关基础资料,参考施工定额综合确定。并应反映当前建筑装饰业的施工方法、水平和具有广泛的代表性。

（三）人工消耗指标的确定

人工工日数有两种方法确定。一种是以施工定额的劳动定额为基础确定,另一种是采用计量观察法进行测定计算。

1．以劳动定额为基础计算人工消耗指标

建筑装饰工程预算定额中的人工消耗指标,是指完成某一分项工程的各种人工用量的总和。包括基本用工、辅助用工、超运距用工和人工幅度差等内容。

人工消耗指标＝（基本用工＋辅助用工＋超运距用工）×（1＋人工幅度差系数）

（1）基本用工

基本用工是指完成一个分项工程所必须消耗的主要用工量。其工日数量必须按综合取定的工程量和劳动定额中的时间定额进行计算。其计算公式如下：
$$基本用工 = \Sigma（工序工程量 \times 相应时间定额）$$

（2）辅助用工

辅助用工是指现场材料加工等用工，如大理石倒角、预拼图案等增加的用工量，按辅助工种劳动定额相应项目计算。其计算公式如下：
$$辅助用工 = \Sigma（加工材料数量 \times 相应时间定额）$$

（3）超运距用工

超运距用工是指编制预算定额时，材料、半成品等场内运输距离超过劳动定额运距需增加的工日数量。

预算定额的水平运距是综合施工现场各技术工种的平均运距。技术工种劳动定额的运距是按其项目本身起码的运距而计入的。因此预算定额取定的运距往往要大于劳动定额的运距，超出的部分称为超运距。超运距的用工数量按劳动定额的相应材料超运距定额计算，如个别技术工种劳动定额没有超运距定额，可执行材料运输专业的定额。其计算公式如下：
$$超运距用工 = \Sigma（超运距材料数量 \times 相应时间定额）$$
$$超运距 = 预算定额规定的运距 - 劳动定额规定的运距$$

（4）人工幅度差

人工幅度差是指预算定额必须考虑到的正常情况下不可避免的零星用工，如工序搭接、机械移位、工程隐检、交叉作业等引起的工时损失及零星用工，人工幅度差反映预算定额与劳动定额之间不同定额水平而引起的水平差。其内容如下：

1）工序搭接的停歇时间损失。

2）机械临时维护、小修、移动发生的不可避免的停工损失。

3）工程检查所需的用工。

4）细小的又不可避免的工序用工和零星用工。

5）工序交叉、施工收尾、工作面小所影响的用工。

6）施工前后配合机械、移动临时水管、电线所需要的用工。

7）施工现场内单位工程之间操作地点转移的用工。

其计算公式如下：

人工幅度差 =（基本用工 + 辅助用工 + 超运距用工）× 人工幅度差系数

2．以现场测定资料为基础计算人工消耗指标

日益更新的新工艺、新结构如在劳动定额中未编制进去，则需要到施工现场进行测定，用写实、实测等办法，科学合理地测定和计算出定额的人工消耗量。

（四）材料消耗指标的确定

预算定额中的材料消耗指标是指在正常的施工条件下，完成单位合格产品所必须消耗的建筑装饰材料的数量标准。包括材料的净用量和现场内的各种正常损耗。

1．材料在定额中的分类

（1）按材料的使用性质分类

1）非周转材料。指直接消耗在构成工程实体的材料，如大理石、瓷砖、榉木板、中密度板等。

2）周转材料。指施工中多次使用、周转而不构成工程实体的材料，它是一种工具性材料，如脚手架、模板等。

(2) 按材料用量划分

1）主要材料。指直接构成工程实体而且用量较多的材料，其中包括成品、半成品材料。

2）辅助材料。指构成工程实体，但用量较少的材料。

3）次要材料。指用量少，价值不大，不便计算的零星材料，以"其他材料费"表示。

2．材料消耗量的计算方法

材料消耗量应根据材料的性质、规格和用途不同，采用相应的计算方法确定。

(1) 计算法：是通过计算的办法而确定出材料的消耗量。凡满足以下任何之一条件者均可采用此方法。

1）凡有标准规格的材料，按规范的要求可计算出定额的消耗量，如墙面贴面砖、地面铺花岗石等。

2）凡在设计图纸中对材料的下料尺寸有明确设计要求的，可按设计图纸尺寸要求计算材料净用量。如轻钢龙骨石膏板顶棚、轻钢龙骨双面石膏板隔墙等。

3）凡有实际积累的统计数据资料和经验数据相结合，再根据工程的实际情况，仔细分析，计算确定相应数据。

(2) 换算法：定额中规定允许换算的各种材料，如胶结料、涂料等材料的配合比用料可根据定额的相应要求来进行换算，从而得出材料的用量。也可采用老定额或其他省市相应的对口定额，用增、减系数法而得出合理的定额消耗量。

(3) 技术测定法：它包括两方面内容：一种是试验室试验法，另一种是现场观测法。试验室试验法的应用，如对各种强度等级的砂浆、混凝土所需耗用原材料用量的计算，则必须经过配合比计算，并按规范要求进行试压，试件达到质量要求合格后才能得出准确的水泥、砂、石子和水的用量。而对于一些没有数据的新材料、新结构，又不能采用上述方法计算定额耗用量，则必须采用现场观测法确定，根据不同条件和工程实际情况采用写实记录法和观察法，得出新材料、新结构消耗量。

3．材料消耗量计算

(1) 非周转材料消耗量计算

预算定额中非周转材料消耗量是根据材料消耗定额，并结合工程实际，通过计算法、技术测定法相结合等方法进行计算。

$$材料消耗量 = 净用量 + 调整量 + 损耗量$$

(2) 周转材料消耗量计算

1）一次使用量。指周转材料在不重复使用条件下的一次性用量。

$$一次使用量 = 单位构件所需周转材料净用量 \times (1 + 损耗率)$$

2）周转次数。指周转材料从第一次使用到最后不能再使用时的次数。

3）周转使用量。是按材料周转次数和每次周转应发生的补损量等因素，计算生产一定计量单位结构构件每周转一次的平均使用量。补损量是指每周转使用一次的材料损耗，即在第二次和以后各次周转中为了修补不可避免的损耗所需要的材料消耗，常用补损率表示。

补损率的大小与材料的拆除运输、堆放方法和施工现场的条件等因素有关。一般情况下，补损率随周转次数增多而变大，故一般采用平均补损率。

$$周转使用量 = \frac{一次使用量 + 一次使用量 \times (周转次数 - 1) \times 补损率}{周转次数}$$

$$= 一次使用量 \times \frac{1 + (周转次数 - 1) \times 补损率}{周转次数}$$

4）回收量。是指周转材料每周转一次平均可以回收的数量。

$$回收量 = \frac{一次使用量 - 一次使用量 \times 补损率}{周转次数} = 一次使用量 \times \frac{1 - 补损率}{周转次数}$$

5）摊销量。指周转材料在重复使用条件下，平均每周转一次分摊到每一计量单位结构构件的材料消耗量。

$$摊销量 = 周转使用量 - 回收量 \times 回收折价率$$

其中：回收折价率一般按 50% 计算。

（五）施工机械台班消耗指标的确定

预算定额中的施工机械台班消耗指标，是指在正常施工的条件下，完成单位合格产品所必须消耗的机械台班数量标准。

1. 机械台班消耗量计算

施工机械台班消耗指标，是按全国统一劳动定额规定的机械台班产量或小组产量进行计算。

（1）大型专业机械

大型专业机械的台班量，应根据国家劳动定额并考虑一定的机械幅度差确定。

机械幅度差是指全国统一劳动定额规定范围内未包括而实际施工中又难以避免发生的机械台班量。机械幅度差确定时应考虑以下几种因素：

1）施工机械转移和配套机械相互影响而损失的时间；
2）在正常的施工条件下，施工机械不可避免的工序间歇；
3）因检查工程质量影响机械工作的时间；
4）冬期施工中发动机械时所需增加的时间；
5）现场临时性水电线路的移动和临时停水、停电（不包括社会正常停电）所发生的机械停歇时间；
6）配合机械施工的工人，在人工幅度差范围内的工作停歇而影响机械操作的时间；
7）施工初期限于条件所造成的工效低，施工中和工程结尾时任务不饱满所损失的时间。

在计算机械台班消耗量时，机械幅度差用幅度差系数表示。其计算公式如下：

$$大型专业机械台班消耗量 = \frac{预算定额计量单位值}{机械台班产量定额} \times 机械幅度差系数$$

（2）塔吊、卷扬机及中小型机械

垂直运输机械（如塔吊）、卷扬机和搅拌机等是按小组配用的，应按小组产量计算施工机械台班消耗量而不另增加施工机械幅度差。其计算公式如下：

$$机械台班消耗量 = \frac{预算定额计量单位值}{小组总产量}$$

$$= \frac{预算定额计量单位值}{小组总人数 \times \sum(分项计算取定比重 \times 劳动定额综合产量)}$$

2. 机械台班消耗指标的确定方法

(1) 根据劳动定额确定机械台班消耗量。是指根据劳动定额中机械台班产量加机械幅度差计算预算定额的机械台班消耗量的方法。

(2) 以现场测定资料为基础确定机械台班消耗量。如遇劳动定额缺项不全，则需依单位时间完成的产量测定。

第四节 装饰工程预算定额的应用

一、使用预算定额注意事项

预算定额是编制和审查施工图预算、办理工程结算等的基础资料。在编制和审查施工图预算和工程结算前，预算的编审人员应对预算定额做到熟练掌握和正确应用。

(1) 熟悉预算定额的总说明、各分部工程说明、定额的适用范围、编制原则和编制依据，了解定额考虑和未考虑的因素，熟悉掌握附注说明以及当施工图纸与定额项目不符时，哪些项目预算定额允许换算和如何进行换算等。

(2) 应正确理解、掌握各分项工程量计算规则，以便正确计算工程量。同时要掌握常用的分项工程的工程内容、定额项目表内容等。

(3) 了解预算定额项目的排序。建筑装饰工程预算定额项目，依据建筑结构的特征和施工程序等，按章、节、项目、子项目等顺序进行排列。在熟悉施工图的基础上，正确套用定额项目，工程项目内容应与套用的定额项目相符。

(4) 应注意分项工程的工程量计量单位应与定额计量单位相一致，避免出现小数点定位的错误，做到准确无误地套用定额项目。

(5) 应熟练掌握定额的编号方法。为了便于编制装饰工程施工图预算，查阅和校对所套用的定额是否准确合理，必须对定额进行编号处理。定额编号的方法有以下几种：

1) 三符号编号法

$$\triangle — \triangle — \triangle$$
分部　分项　子项目

$$\triangle — \triangle — \triangle$$
分部　页数　子项目

2) 二符号编号法

$$\triangle — \triangle$$
分部　子项目

二、预算定额的使用方法

应用定额的方法可归纳为直接套用、套用换算后的定额，以及编制补充定额三种情况。

(1) 直接套用定额。当施工图纸的分部分项工程工作内容与所套用的相应定额规定的工程内容相符（或虽然不符，但预算定额规定不允许换算）时，则可直接套用相应定额项目。

(2) 套用换算后的定额。当设计施工图纸的分部分项工程内容与定额规定的内容不相符，定额规定允许换算时，则应按定额的相应规定进行换算（换算方法详见第二章第三节)。因换算后的定额项目与原定额项目数值发生改变,故应在原定额项目的定额编号前或后注明"换"字,以示不同。

(3) 套用补充定额。如果设计施工图纸的某些分部分项工程内容,采用的是更新和改进的新材料、新技术、新工艺、新结构,在预算定额的项目中尚未列入或缺少某类项目,为了计算出整个建筑装饰工程总造价,则必须由甲、乙双方共同编制制定一次性补充定额,并在所套用的补充定额的定额编号前或后注明"补"字,以示不同。

思 考 题 与 习 题

1-1　建筑装饰工程定额的作用是什么?
1-2　建筑装饰定额如何分类?具体内容是什么?
1-3　基础定额都包括哪些定额?各有什么作用?
1-4　人工、材料、机械台班消耗指标是如何确定的?
1-5　使用预算定额应注意哪些事项?

第二章 单位估价表

第一节 概 述

建筑装饰工程单位估价表是将建筑装饰工程预算定额的人工、材料及机械台班数量，按省、市、自治区现行的装饰定额规定的人工工资、材料预算价格及机械台班预算价格，计算出以货币形式表现的分部分项工程及其子项目的定额单价表。建筑装饰工程单位估价表是现行的建筑装饰工程预算定额在某个城市或地区的具体表现形式，它是编制装饰工程预算，确定直接费的依据。

单位估价表是依据预算定额的编号和工程项目进行编制的，并根据预算定额所确定的人工、材料及机械台班数量、相应地区的建筑安装工人工资标准、材料预算价格和机械台班预算价格计算出来。

单位估价汇总表，是将分项工程单位估价表中每一子项目的预算单价，分别按其中的人工费、材料费、机械费等排列汇总进行编制，而不再细列出单位估价表中的"三量"消耗，因此内容简明，所占篇幅较少，查找比较方便，从而简化了建筑装饰预算的编制工作。

目前，随着一些新材料、新技术、新结构的不断涌现，建筑装饰行业发展迅速，已编制的建筑装饰工程定额或单位估价表，难以完全满足工程项目的需要。在实际中工程项目的工程内容往往未被建筑装饰工程预算定额或单位估价表编制进去，所以在编制预算时往往会出现缺项，这时，就必须编制补充单位估价表。

单位估价表及其汇总表和补充单位估价表必须经当地（市）主管部门审查批准才可执行。目前，全国各省、市都已编制了统一的地区单位估价表和汇总表。

一、单位估价表的作用

（1）是一个城市（或地区）编制建筑装饰工程施工图预算、确定建筑装饰工程预算造价的依据。

（2）是对建筑装饰设计方案进行技术经济分析，选定合理设计方案的基础资料。

（3）是施工企业进行建筑装饰工程成本分析和进行经济核算的重要依据。

（4）是进行建筑装饰工程拨款、贷款、工程结算、竣工决算及统计投资完成的主要依据。

（5）是综合制定建筑装饰工程概算定额和概算指标的基础资料。

二、单位估价表的分类

（一）按适用范围分

1. 地区单位估价表

地区单位估价表由本地区造价主管部门编制，适用于本地区范围内。

2. 统一单位估价表

统一单位估价表由省、自治区、直辖市造价主管部门编制，一般适用于省会所在地。

3．企业单位估价表

企业单位估价表由施工企业编制，只适用于本施工企业。

（二）按专业划分

1．建筑工程单位估价表

主要包括土建工程、高级装饰工程、给排水工程、采暖通风工程、电气照明工程等单位估价表。

2．设备安装工程单位估价表

主要包括机械设备和电气设备安装工程单位估价表。

第二节　单位估价表的基价确定

建筑装饰工程预算定额手册中的人工、材料、机械台班消耗量是预算定额中的主要指标，它以实物量表现。各地、市根据本地区工人日工资标准、材料预算价格和施工机械台班价格，结合预算定额中的人工、材料、机械台班消耗量，从而计算出人工费、材料费、机械费和预算基价。

所谓基价，乃是一种工程单价，是单位建筑装饰产品的不完全价格。它是由单位产品的人工费、单位产品材料费、单位产品机械费三大费用构成。其计算公式如下：

预算基价＝单位产品人工费＋单位产品材料费＋单位产品机械费

一、单位产品人工费

单位产品人工费，是根据完成预算定额单位产品所必须的人工消耗量、工人平均工资等级和当地建筑安装工人的日工资标准确定的。其计算公式如下：

单位产品人工费＝定额人工消耗量×平均工资等级的定额日工资标准

式中的定额人工消耗量即为预算定额中的综合工日数；定额日工资标准则要根据现行工资制度所编制的工资等级系数表，结合各地区差别计算建筑安装工人基本日工资标准，并在此基础上按现行的规定加计工资性津贴、生产工人辅助工资、职工福利费、劳动保护费等各项后，从而组成定额日工资标准。

工人基本日工资标准由三个因素决定，工人工资等级、工资等级系数、地区月工资标准。工人工资等级和技术等级相一致，应根据建筑安装工人的操作技术水平确定。工资等级系数是表示各级工人工资标准的比例关系，通常以某级工人工资标准与一级工工资标准的比例关系表示。地区月工资标准是国家为各类地区规定的建筑安装工人一级工的月工资数额。

我国的工资等级制度和工资标准，按行业分别制定。建筑安装工人实行八级工资等级制。以六类工资区为例，建筑安装工人工资等级系数如表 2-1 所示，建筑安装工人的月工资标准见表 2-2 和表 2-3。

建筑安装工人工资等级系数表　　表 2-1

工种	工资等级系数	工资等级														
		1		2		3		4		5		6		7		8
建筑安装	系数	一	二	三	四	五	六	七	八	九	十	十一	十二	十三	十四	十五
		1.00	1.079	1.184	1.289	1.421	1.553	1.684	1.816	1.974	2.131	2.289	2.447	2.632	2.815	3.00

建筑工人月工资标准　　　　　　　　　　　　　　　　　　　　　　　表 2-2

标准＼等级	一	二	三	四	五	六	七	八
月工资（元）	38	45	54	64	75	87	100	114

安装工人月工资标准　　　　　　　　　　　　　　　　　　　　　　　表 2-3

标准＼等级	一	二	三	四	五	六	七	八
月工资（元）	38	41	49	59	69	81	93	107

编制预算定额时，人工的工资等级是以工人的平均工资等级表示的。这个平均工资等级不是 1-8 的某一级，而是介于两个等级之间其级差为 0.1 级的某一等级，则需用插入法计算出级差为 0.1 级的建筑安装工人的工资等级系数。计算公式如下：

$$C = B + (A - B) \times b$$

式中　C——介于两个等级之间级差为 0.1 级的某工资等级的级差系数；

　　　B——与 C 相邻而较低一级工资等级的级差系数；

　　　A——与 C 相邻而较高一级工资等级的级差系数；

　　　b——级差为 0.1 级的各种等级，如 0.1，0.2，0.3……。

级差为 0.1 级的工资等级系数，见表 2-4。

建筑工人工资级差为 0.1 级工资等级系数表（六类地区）　　　　　　表 2-4

工资等级	工资系数	工资等级	工资系数	工资等级	工资系数	工资等级	工资系数	工资等级	工资系数	工资等级	工资系数	工资等级	工资系数
1.0	1.000	2.0	1.184	3.0	1.421	4.0	1.684	5.0	1.974	6.0	2.289	7.0	2.632
1.1	1.018	2.1	1.208	3.1	1.447	4.1	1.713	5.1	2.006	6.1	2.323	7.1	2.669
1.2	1.037	2.2	1.231	3.2	1.474	4.2	1.742	5.2	2.037	6.2	2.358	7.2	2.706
1.3	1.055	2.3	1.255	3.3	1.500	4.3	1.771	5.3	2.069	6.3	2.392	7.3	2.274
1.4	1.074	2.4	1.279	3.4	1.526	4.4	1.800	5.4	2.100	6.4	2.426	7.4	2.779
1.5	1.090	2.5	1.303	3.5	1.553	4.5	1.829	5.5	2.132	6.5	2.461	7.5	2.816
1.6	1.110	2.6	1.326	3.6	1.579	4.6	1.858	5.6	2.163	6.6	2.495	7.6	2.853
1.7	1.129	2.7	1.350	3.7	1.605	4.7	1.887	5.7	2.195	6.7	2.529	7.7	2.890
1.8	1.147	2.8	1.374	3.8	1.631	4.8	1.916	5.8	2.226	6.8	2.568	7.8	2.926
1.9	1.166	2.9	1.397	3.9	1.658	4.9	1.945	5.9	2.258	6.9	2.598	7.9	2.963
												8.0	3.000

【例 2-1】　计算六类地区 4.6 级工的工资等级系数

【解】　查表 4 级工工资等级系数为 1.684

5 级工工资等级系数为 1.974

则 4.6 级工工资等级系数为：

$$C = 1.684 + (1.974 - 1.684) \times 0.6 = 1.858$$

(一)平均工资等级基本日工资标准的计算

1．计算日工资标准

$$日工资标准 = \frac{一级工月工资标准 \times 工资等级系数}{平均每月实际工作天数} = \frac{某等级月工资标准}{平均每月实际工作天数}$$

我国规定一年52个周六和周日，10个法定假日，每年应出勤天数，365－114＝251（天），职工每月平均出勤工作日251÷12≈20.92天，定为21天。

【例2-2】 计算北京、天津、沈阳等六类地区的7级工建筑工人的日工资标准。

【解】 查表7级工工资等级系数2.632

$$7级工日工资标准 = \frac{38 \times 2.632}{21} = 4.76（元）$$

2．计算平均工资等级

平均工资等级是指按工人小组成员各等级人数比例综合确定的等级。例如某小组成员有：七级工1人，六级工2人，五级工3人，四级工5人，三级工3人，二级工3人。其小组的平均等级为：

$$M = \frac{7 \times 1 + 6 \times 2 + 5 \times 3 + 4 \times 5 + 3 \times 3 + 2 \times 3}{1 + 2 + 3 + 5 + 3 + 3} = 4.06（级）$$

3．计算平均工资等级的日工资标准

在单位估价表和预算定额中，经常会出现级差为0.1～0.9级的某一个等级，这就说明既要计算出各等级工人的日工资标准，同时还需要计算出级差为0.1级的建筑安装工人日工资标准。因此，在上述计算的前提下，我们可用插入法计算出所有级差为0.1级的建筑安装工人的日工资标准。其计算公式如下：

$$N = A + (B － A) \times (n － a)$$

式中 N——介于两个工资等级之间的某平均等级日工资标准；

A——与N相邻而较低等级的日工资标准；

B——与N相邻而较高等级的日工资标准；

n——与N相对应的工资等级；

a——与A相对应的工资等级。

【例2-3】 计算4.06级的月工资标准和日工资标准。

【解】 4.06级月工资标准＝64＋（75－64）×（4.06－4）＝64.66（元）

4.06级日工资标准＝64.66÷21＝3.08（元）

(二)定额日工资的组成内容

(1)基本日工资。是指生产工人的基本费用支出。按地区现行建筑安装工人工资标准计算。

(2)工资性津贴。是指按规定标准发放的物价补贴、煤、燃气补贴、交通费补贴、住房补贴、流动施工津贴、地区津贴等。按主管部门的规定计算。

(3)生产工人辅助工资。是指生产工人年有效施工天数以外非作业天数的工资，包括职工学习、培训期间的工资、调动工作、探亲、休假期间的工资，因气候影响的停工工资，女工哺乳时间的工资，病假在六个月以内的工资及产、婚、丧假期的工资。

(4)职工福利费。是指按规定标准计提的职工福利费。按地区的规定和现行企业标准综合确定。

(5) 生产工人劳动保护费。是指按规定标准发放的劳动保护用品的购置费及修理费、徒工服装补贴、防暑降温费，在有碍身体健康环境中施工的保健费用等。

二、单位产品材料费

建筑装饰生产过程也就是大量建筑装饰材料的消费过程，所以材料费在建筑装饰工程费用中占有很大的比重。在建筑工程造价中，材料费往往占70%左右，而装饰材料往往要比同一单位的其他材料价格高很多。单位估价表中的材料费是由预算定额中分项工程的各种材料用量乘以相应的地区材料预算价格进行计算。其计算公式如下：

单位产品材料费＝Σ（定额项目的材料消耗量×地区材料预算价格）＋其他材料费

（一）材料预算价格的组成

材料预算价格是指材料由来源地（或交货地点）运达施工工地仓库或露天堆放地点经保管之后的出库价格。它由材料原价、供销部门手续费、包装费、运杂费、采购及保管费等组成。

（二）材料预算价格的编制原则

材料预算价格的编制范围按其使用情况，一般分为两种。一种是按地区进行编制的称为地区材料预算价格，供该地区内所有工程使用；另一种是按一个工程为对象进行编制的材料预算价格，专为该项工程使用，而该工程往往是难以使用地区材料预算价格的。它们的编制原理和方法基本相同，只是运杂费有差异需另行计算。前一种应以地区内所有工程为对象，确定分区运输终点，即分区的任务重心来计算加权平均的运杂费；另一种是以一个工程项目为计算对象，所以，它的运输终点是明确的。

材料预算价格的编制要做到实事求是和勤俭节约的原则，不要出现价格过高和过低的现象。同时，所编制的材料应保障来源情况，做到最好就近取材和合理运输；各种材料原价应有物价部门认定的手续；材料的品种规格要尽量满足定额要求；计量单位最好与定额口径相一致。

（三）材料的规格和单价的取定

（1）凡预算定额附表内，已列明规格的材料，一般应按定额附表的规格取定，如果定额附表内未列明规格，可根据地区一般常用材料规格，结合经验资料，取定其规格的单价。

（2）木材的规格和单价，根据预算定额和材料预算价格所列材料的品种和等级情况，同时结合地区的近期供应综合取定其规格和单价。工程材和模板材分别列入单位估价表。

（3）钢筋的规格和单价，根据预算定额的规定，同时结合实际情况，分别按 $\phi 5$ 以内、$\phi 10$ 以内、$\phi 10$ 以上列入地区单位估价表，确定其规格和相应单价。

（四）材料预算价格中各项费用的规定

1. 材料原价

材料原价是指国家或有关主管部门规定的材料出厂价格，或者是销售部门（如五金、交电公司等）规定的批发价和市场采购价。材料原价应根据材料的种类、性质和供应方式不同分别计算。如同一种材料，因产地或供货单位不同，而有几种原价时，应以上述几种材料原价的加权平均值作为材料的原价。采用加权平均法应注意以下两点事项：

（1）当运距一样，而材料来源地、厂家不同时，可直接把价格加权平均。

（2）当材料来源地和供应单位不同，而运距有较大差异时，则不许直接加权平均原价，而应把全过程费用（包括运费）加权平均。

材料原价的确定有以下几种情况：

1) 国家统配物资，如水泥、钢筋、木材等应以国家规定的产品统一出厂价为原价。

2) 部管物资，如油毡、沥青、玻璃等应以各工业部规定的国营工业产品的出厂价为原价。

3) 地方材料，如胶合板、砖、砂等，一般由地方直接生产，应以地方主管部门规定的出厂价作为原价。

4) 市场采购材料，如油漆、五金等，一般应以国营商业部门规定的批发牌价或市场批发价格来计算，并要根据本地区实际供应和工程急需等情况，设定部分零售价格。市场调节材料的原价，应按国家的有关规定考虑。

5) 国外进口材料，应按国家批准的进口物资调拨价作为原价。

6) 企业自销产品，应按主管部门批准的出厂价格计算。

7) 构件、配件、成品及半成品（如：金属结构、门窗配件等），凡由独立核算加工厂制作的，其原价按批准的产品出厂价格计算。

另外，在确定原价时要注意其中是否已包含了包装费，以避免重算和漏算。

采用加权平均法计算材料原价的计算公式如下：

$$X = \frac{X_1 Y_1 + X_2 Y_2 + \cdots\cdots + X_n Y_n}{Y_1 + Y_2 + \cdots\cdots + Y_n}$$

式中 X——加权平均值；

分子——重量数；

分母——权数。

【例2-4】 试计算原木加权后的原价，已知：材料原木来源分别是一厂、二厂、三厂、四厂；出厂价格分别为220元、210元、212元、205元；计划供应量分别为700m³、300m³、600m³、400m³，所占的比例分别是35%、15%、30%和20%。

【解】 原价 = 220×0.35 + 210×0.15 + 212×0.30 + 205×0.20 = 213.10（元/m³）

2．供销部门手续费

材料供销部门手续费是指某些材料由于不能直接向生产部门采购、订货，而需要由当地供销部门供应时，应支付的附加手续费。取费方法各地规定不一，一般按当地物资部门规定的取费标准来计算。其计算公式如下：

供销部门手续费 = 原价 × 供销部门手续费率（%）

由专业公司直接供给的材料价格（称供应价），一般已包括了外地运费、部分市内运费和供销部门手续费。因此，如果取供应价作为原价，就不应计取外地运费和供销部门手续费。

3．包装费

包装费是指为了便于材料运输、减少消耗，以及保护材料而进行包装需要支出的费用。包装费的发生有两种情况，一种是材料出厂时已经包装，另一种是由采购单位自行包装。

（1）由生产单位负责包装的材料，如袋装水泥、玻璃等，其包装费已计入材料原价内，不许另行计算包装费。但应扣除包装品的回收值，因有些包装品可以多次使用，材料的预算价格中应按正常的摊销值计列。即：

$$包装费 = 包装品原值 - 包装品回收值$$

$$包装品回收值 = \frac{包装品原值 \times 回收率 \times 回收残值率}{包装器材标准容量}$$

(2) 由采购单位自备包装者，应计算包装费，其包装费按多次使用、分次摊销方法计算列入材料预算价格。即：

$$自备包装品的包装费 = \frac{[包装品原值 \times (1 - 回收率 \times 残值率) + 使用期间维修费]}{周转次数 \times 包装容器标准容量}$$

包装品的回收率和残值率可按地区有关规定计算，如无规定可参照国家有关规定计算。例如用木材制品包装的，回收率按70%计算，残值率按20%计算；用纸皮、纤维品包装的，回收率按50%，残值率按50%计算；用草绳、草袋制品包装的，不计回收值。

4. 运杂费

运杂费是指材料由来源地（或交货地点）运达工地仓库（或现场存贮地点），全部运输过程中所支付的各项费用（包括车、船、机等运输费、调车费或驳船费、出入库、装卸费、附加工作费及合理的运输损耗等）。应根据材料来源地、运输方式、运输工具和运输里程，按当地有关主管部门规定的运价标准和其他取费办法计算。

运杂费在材料预算价格中占很大比重，一般建筑材料的运杂费占原价的10%~15%，地方材料由于原价较低，其运输费所占比例更高，由此可见材料运杂费对工程造价具有很大的影响。

材料运费的高低主要取决于运输方式、运输距离和交货条件的选择。正确选择材料来源地，从而缩短运距对降低材料运费，特别对用量多的材料具有重要作用。另外，对材料来源地的选择要综合考虑许多因素，如材料的可供量、出厂价、运输条件的影响等。

(1) 运费的确定

铁路、水路、公路和空运等运输方式的运输费应根据铁道部、交通部门的规定计算。市内运输是指材料由到达地车站或码头到中心仓库、中心仓库到工地的运费，要根据运距和运输方法，按各地交通运输部门的规定进行计算。

一个城市或区域由于工程的分布不一样，所以各自运距也各不相同。而材料预算价格中的同种材料又不能反映几种不同的价格。因此，必须确定中心点，在计算运输里程时按这个中心点距离来计算。其计算方法有以下三种：

1) 按工程概算投资额加权平均计算；
2) 按建筑物面积加权平均计算；
3) 按建筑材料概算用量加权平均计算，或依据历史资料调查供应量加权平均计算。

以上三种方法，采用材料运距加权平均计算法居多，其公式如下：

$$F = \frac{\Sigma f_{2i} Q_{2i}}{\Sigma Q_{2i}}$$

其中　F——平均运距；

　　　f_{2i}——各点运距；

　　　Q_{2i}——各点供应数量。

(2) 调车费和驳船费的确定

调车费是指在铁路专用线或非公用装货地点取送车皮的费用。按铁道部的规定,用铁路机车在专用线上取送车辆时,不分车皮数量,都按往返里程计算。把调车费分摊到托运的每吨货场上。其计算公式如下：

$$每吨货物调车费 = \frac{调车里程 \times 2 \times 每机车公里调车费标准}{每次车厢数 \times 车厢的技术装载标准量}$$

驳船费是指当轮船不能靠拢码头装卸货物而另有驳船取送货物时发生的费用。每吨货物驳船费率,各港口按不同类别货物的规定计算。

(3) 装卸费的确定

装卸费是指把材料装上车船以及从车船上卸下时而发生的费用。装卸费的多少取决于车船倒换次数。

铁路装卸费要按整车货物和零担货物的规定计取,整车货物又要按不同货物等级和不同地区所规定的不同装卸费率计算。

水路和汽车运输的装卸费,按不同货物的吨数所规定的不同装卸费率计算。而马车、人力车装卸费的计算与汽车基本相同,只是费率中一般包括了运费和装卸费,不再另计取装卸费。

(4) 附加工作费

附加工作费是指材料到达工地仓库后的搬运、堆放、分类和整理时所发生的费用。但是应尽量注意要合理组织卸货,在卸货时就做好堆放、分类和整理工作,从而避免发生附加工作费。对确定需要发生附加工作费的,应按当地规定的标准来计算。

(5) 运输的合理损耗

它是指材料在运输过程中所发生的正常损耗。运输的合理损耗应按地区所规定的费率执行。

$$场外运输损耗费 = 材料到库价格 \times 场外运输损耗量$$

另外,也可按材料预算价格的百分率方法计算材料场外运输损耗费用。即：

$$场外运输损耗费 = 材料预算价格 \times 损耗费率$$

5. 采购及保管费

采购及保管费是指材料供应部门(包括工地仓库以上各级材料管理部门)在组织采购供应和保管材料过程中所需要的各项费用。

凡由工业企业或施工企业主管部门所属实行独立核算的加工企业供应的构件、成品和半成品也要计算采购保管费。但由施工企业所属的附属企业生产供应的则不可重复计算采购保管费。

$$采购及保管费 = (材料原价 + 供销部门手续费 + 包装费 + 运杂费) \times 采购及保管费率$$

综上所述,材料预算价格的计算公式如下：

$$材料预算价格 = (材料原价 + 供销部门手续费 + 包装费 + 运杂费 + 采购及保管费)$$
$$- 包装品回收价值$$

材料预算价格在执行过程中,会因材料来源地、原价、运费标准等变动,使材料预算价格偏离实际情况。因此,在适当情况下必须作调整。一般可在直接费的基础上调整一定的系数,这是指在计划允许范围内进行的。如果因供货方式和施工单位代购所发生的差异,应由建设单位和施工单位共同签证,甲、乙双方协商,或根据双方签定的合同规定计取差价计入结算价格。

三、单位产品机械费

单位估价表中的机械费是由预算定额中分项工程的各种机械台班消耗量乘以相应机械台班预算价格进行计算。其计算公式如下：

单位产品机械费 = Σ（分项工程定额机械台班消耗量 × 机械台班预算价格）

机械台班预算价格由折旧费、大修理费、经常修理费、安拆费及场外运费、人工费、燃料动力费、其他费用等七项费用组成。

（一）折旧费

折旧费是指施工机械在规定使用期限内，每一台班所摊的机械原值及支付贷款利息的费用。其计算公式如下：

$$台班折旧费 = \frac{机械预算价格 \times (1-残值率) \times 贷款利息系数}{耐用总台班}$$

1．机械预算价格

（1）国产机械预算价格

国产机械预算价格应按下式计算：

预算价格 = 机械原值 + 供销部门手续费和一次运杂费 + 车辆购置税

国产机械的机械原值取定方法如下：

1）对从施工单位收集的成交价格，各地区（部门）可结合具体情况取定。

2）对从国内施工机械展销发布会收集的参考价格或从施工机械生产厂、经销商收集的销售价格，各地区（部门）可结合具体情况取定。

3）对机械类别、规格、性能相同而生产厂不同的施工机械，各地区（部门）可根据施工单位实际购进情况，综合取定。

供销部门手续费和一次性运杂费可按机械原值的5%计算。

车辆购置税可按下列公式计算：

车辆购置税 = 计税价格 × 车辆购置税率

计税价格 = 机械原值 + 供销部门手续费和一次运杂费 − 增值税

车辆购置税率执行编制期国家有关规定。

（2）进口机械预算价格

进口机械预算价格应按下式计算：

预算价格 = 到岸价格 + 关税 + 增值税 + 消费税 + 外贸部门手续费和国内一次运杂费 + 财务费 + 车辆购置税

关税、增值税、消费税及财务费应执行编制期国家有关规定，并参照实际发生计算。

外贸部门手续费和国内一次运杂费按到岸价格的6.5%计算。

车辆购置税按下列公式计算：

车辆购置税 = 计税价格 × 车辆购置税率

计税价格 = 到岸价格 + 关税 + 消费税

车辆购置税率执行编制期国家有关规定。

2．残值率

是指机械报废时回收的残值占机械原值的比率。按2001年有关文件规定：运输机械

2%，掘进机械 5%，中、小型机械 4%，特、大型机械 3%。

3．贷款利息系数

是指为补偿企业贷款购置机械设备所支付的利息，反映资金的时间价值，以大于 1 的贷款利息系数，将贷款利息（单利）分摊在台班折旧费中。其计算公式如下：

$$贷款利息系数 = 1 + \frac{(n+1)}{2}i$$

式中　n——机械折旧年限；

　　　i——当年银行贷款利率。

4．耐用总台班

是指施工机械在正常施工作业条件下，从开始投入使用到报废前使用的总台班数。

耐用总台班按施工机械的技术指标及寿命期等相关参数确定。其计算公式如下：

$$耐用总台班 = 折旧年限 \times 年工作台班$$

或

$$耐用总台班 = 大修周期 \times 大修间隔台班$$

年工作台班根据有关主管部门对各类主要机械最近三年的统计资料分析确定。

大修周期是指机械在正常的施工作业条件下，将其寿命期即（耐用总台班）按规定的大修次数划分为若干个周期。其计算公式如下：

$$大修周期 = 寿命期大修理次数 + 1$$

大修间隔台班是指施工机械从投入使用到第一次大修止或从上一次大修后投入使用到下一次大修止，达到的使用台班数。

（二）大修理费

大修理费是指施工机械按规定的大修间隔台班进行必要的大修，以恢复其正常功能所需的全部费用。其计算公式如下：

$$台班大修理费 = \frac{一次大修理费 \times 寿命期大修理次数}{耐用总台班}$$

一次大修费是指施工机械进行一次全面大修所需消耗的工时费、配件费、辅助材料费、油燃料费及送修运杂费等费用。

寿命期大修理次数是指施工机械在其寿命期（耐用总台班）内规定的大修理次数。

（三）经常修理费

经常修理费是指施工机械在寿命期内除大修理以外的各级保养以及临时故障排除所需的费用。包括为保障机械正常运转所需替换设备及随机配备工具附具的摊销和维护费用，机械运转和日常保养所需润滑与擦拭的材料费及机械停滞期间的维护和保养费用等。其计算公式如下：

$$台班经常修理费 = \frac{\Sigma(各级保养一次费用 \times 寿命期各级保养总次数) + 临时故障排除费}{耐用总台班}$$
$$+ 替换设备各台班摊销费 + 工具附具台班摊销费 + 例保辅料费$$

（四）安拆费及场外运费

安拆费是指施工机械在施工现场进行安装、拆卸所需人工、材料、机械和试运转费用，包括机械辅助设施（如：基础、底座、固定锚桩、行走轨道、枕木等）的折旧、搭设、拆除等费用。

场外运费是指施工机械整体或分体自停放地点运至施工现场或由一施工地点运至另一

施工地点的运输、装卸、辅助材料及架线等费用。

安拆费及场外运费根据施工机械不同分为计入台班单价、单独计算和不计算三种类型。

（1）工地间移动较为频繁的小型机械及部分中型机械，其安拆费及场外运费应计入台班单价。其计算公式如下：

$$台班安拆费及场外运费 = \frac{一次安拆费及场外运费 \times 年平均安拆次数}{年工作台班}$$

（2）移动有一定难度的特、大型（包括少数中型）机械，其安拆费及场外运费应单独计算。除应计算安拆费、场外运费外，还应计算辅助设施的折旧、搭设和拆除等费用。

（3）不需安装、拆卸且自身又能开行的施工机械和固定在车间不需安装、拆卸及运输的施工机械，其安拆费及场外运费不计算。

（五）人工费

人工费是指机上司机（司炉）和其他操作人员（机下辅助工人不含其内）的工作日人工费及上述人员在施工机械规定的年工作台班以外的人工费。其计算公式如下：

$$台班人工费 = 人工消耗量 \times \left(1 + \frac{年制度工作日 - 年工作台班}{年工作台班}\right) \times 人工单价$$

（六）燃料动力费

燃料动力费是指施工机械在运转或施工作业中所耗用的固体燃料（煤炭、木材）、液体燃料（汽油、柴油）、电力、水力等费用。其计算公式如下：

$$台班燃料动力费 = \Sigma（燃料动力消耗量 \times 燃料动力单价）$$

1. 电动机械台班电力消耗量计算

台班电力消耗是指电动机械本身运转时所发生的电力消耗和自工地变电所至所用地点的动力线路的电力损耗。其计算公式如下：

$$Q = \frac{kW \cdot 8 \cdot K_1 \cdot K_2 \cdot K_3}{K_4}$$

式中　Q——台班电力消耗量，$kW \cdot h$；

　　　kW——电动机额定容量，kW；

　　　8——台班工作制的小时数；

　　　K_1——电动机时间利用系数；

　　　K_2——电动机能力利用系数，见表2-5；

　　　K_3——动力线路电力损耗系数，一般按1.05~1.10，多数采用1.05；

　　　K_4——电动机有效利用系数，见表2-5；

$$K_1 = \frac{T}{8} \cdot \frac{t_1}{t_2}$$

式中　T——台班工作时间；

　　　t_1——每个循环中电动机的开动时间，h；

　　　t_2——每个循环中的延续时间，h；

对于起重机械的电力计算：

$$K_2 = \frac{Q_1 \cdot V}{kW \cdot 102 \cdot K_5}$$

式中　Q_1——平均实际起重量（包括起重装置和吊钩重量）（kg），一般按最大起重量的75%计；

　　　V——起重速度（m/s）；

　　　K_5——起重装置的有效利用系数，一般取0.88。

K_2、K_4 变化规律表　　　　　　　　表 2-5

负荷程度	空　载	1/4 荷载	1/2 荷载	3/4 荷载	满　载
K_2	0.2	0.5	0.78	0.85	0.88
K_4	0	0.78	0.85	0.88	0.89

2．内燃机台班燃料消耗量计算

台班燃料消耗是指机动机械本身运转的燃料消耗和机械启动时所用燃料和附加用燃料、油料过滤等的消耗。其计算公式如下：

$$Q = \frac{HP \cdot K_1 \cdot K_2 \cdot K_3 \cdot K_4 \cdot G \cdot 8}{1000}$$

式中　Q——台班耗油量，kg；

　　　HP——发动机额定马力，kW；

　　　K_1——时间利用系数；

　　　K_2——能力利用系数；

　　　K_3——车速油耗系数；

　　　K_4——油料损耗系数，取 1.04～1.05；

　　　G——额定马力耗油量，g/（kW·h）；

　　　8——台班工作制的小时数。

3．蒸汽机械以台班燃煤、木柴和水消耗量计算

$$Q = W \cdot k_1 \cdot k_2 \cdot k_3 \cdot G \cdot 8$$

式中　Q——台班水、煤、木柴消耗量（水-m³，煤-kg，木-kg）；

　　　W——蒸汽机额定功率；

　　　k_1——时间利用系数；

　　　k_2——能力利用系数；

　　　k_3——损耗系数（煤 1.1，水 1.15）；

　　　G——额定水、煤、木柴耗用量，kg/（kW·h）；

　　　8——台班工作制小时数。

4．风动机械台班耗风量计算

$$Q = 480 Q_m \cdot k_1 \cdot k_2$$

式中　Q——台班耗风量，m³；

　　　480——台班作业时间，min；

　　　Q_m——风动机械或工具每分钟消耗空气量，m³/min；

　　　k_1——时间利用系数；

　　　k_2——空气损耗系数。

（七）其他费用

其他费用是指施工机械按国家和有关部门规定应交纳的养路费、车船使用税、保险费及年检费用等。其计算公式如下：

$$台班其他费用 = \frac{年养路费 + 年车船使用税 + 年保险费 + 年检费用}{年工作台班}$$

$$养路费及车船使用税 = \frac{载重量（或核定自重吨位）\times（养路费标准元/t \cdot 月 \cdot 12 + 车船使用税标准元/t \cdot 年）}{年工作台班}$$

第三节　单位估价表的编制

一、单位估价表的编制依据

(1) 国家或省、市、自治区编制的现行建筑装饰工程预算定额。
(2) 相应地区工人平均工资等级和工资标准。
(3) 相应地区建筑装饰材料预算价格。
(4) 相应地区施工机械台班预算价格。
(5) 国家或省、市、自治区颁发的单位估价表编制方法和相应的有关规定。

二、单位估价表的编制方法和步骤

建筑装饰工程单位估价表，一般按地区进行编制，形成地区单位估价表。编制地区单位估价表是一项细致繁琐的工作，工作量较大。为了尽量简化编制工作，目前，我国一些较大城市，都编制地区统一使用的单位估价表。

地区统一单位估价表是根据预算定额和地区建筑安装工人日工资标准、地区材料预算价格和机械台班费用，采用表格形式进行编制。

在编制单位估价表之前，应收集各种基础资料并做好以下技术准备工作，

(1) 熟悉图纸和设计资料，了解单位估价表项目的工作内容和要求。
(2) 了解施工组织设计对项目的质量评定标准和技术措施。
(3) 了解安全规范及相应的安全生产措施。
(4) 了解该项目施工工艺和施工程序。
(5) 了解该项目所需消耗的材料名称、品种、规格及数量。
(6) 了解特殊材料的产地、原价、运距、运输方式等，并确定出相应材料的预算价格。
(7) 确定材料的现场堆放地点和运距。

（一）编制方法

(1) 将分项工程项目名称、预算定额编号、工作内容以及定额计量单位等内容填写在单位估价表中。
(2) 根据建筑装饰工程预算定额中的人工、材料和施工机械台班的消耗量和地区相应的工人日工资标准、材料预算价格和施工机械台班价格，计算出人工费、材料费、机械费和预算单价。
(3) 编写文字说明部分。

（二）编制步骤

1. 准备工作阶段

(1) 组建编制单位估价表的临时机构。
(2) 拟定工作计划。
(3) 搜集编制单位估价表的基础资料。
(4) 了解和掌握地区范围内的施工力量、施工技术、物资供应和经济等方面的情况。
(5) 提出单位估价表的编制方案。

2．编制工作阶段
(1) 确定建筑装饰工程预算定额项目。
(2) 确定定额人工、材料、机械的消耗量。
(3) 计算人工费、材料费、机械费和预算单价，并填写在单位估价表相应栏目内。
(4) 计算、填写和复核。
(5) 编写文字说明部分。

3．审定工作阶段
(1) 对编写出的单位估价表的初稿进行全面审核、修改和定稿。
(2) 上报主管部门进行批准，然后颁布使用。

单位估价表主要由表头和表身组成，其表格式样及表达形式见表2-6。

玻 璃 锦 砖

工作内容：1. 清理修补基层表面，打底抹灰，砂浆找平；
2. 选料、抹结合层砂浆、贴面层、擦缝、清洁表面等操作过程。

表 2-6
计量单位：100m²

定额编号			2-32	2-33	2-34
项目			墙面、墙裙	方柱（梁）面	零星项目
基价			3474.52	3896.72	4665.51
其中	人工费（元）		1520.15	1841.15	2493.92
	材料费（元）		1934.28	2034.50	2149.05
	机械费（元）		20.09	21.07	22.54
	名称	单位	单价	数量	
	综合工日	工日	22.88	66.44	80.47	109.00
材料	水泥砂浆 1:3	m³	205.16	1.55	1.63	1.73
	混合砂浆 1:1:2	m³	246.16	—	—	—
	混合砂浆 1:0.2:2	m³	264.55	0.82	0.86	0.19
	素水泥浆	m³	589.37	0.10	0.11	0.11
	白水泥	kg	0.63	25.00	26.25	27.75
	马赛克	m²	33.03	—	—	—
	玻璃马赛克	m²	12.78	101.50	106.58	112.67
	108胶	kg	1.02	20.56	21.60	22.93
	棉纱头	kg	5.19	1.00	1.05	1.11
	水	m³	1.65	0.81	0.99	1.21
机械	灰浆搅拌机 200L	台班	49	0.41	0.43	0.46

三、单位估价汇总表

为便于编制预算,在单位估价表编完后,将分项工程单位估价表中子项目的预算单价,分别按人工费、材料费、机械费等汇总即为单位估价汇总表,见表 2-7。单位估价汇总表的显著特点是没有定额项目的"三量"消耗,表格所占的篇幅较少,计算直接费方便,简化了建筑装饰工程预算的编制工作。

在编写单位估价汇总表时,应注意以下事项:

(1) 定额编号、项目名称应与单位估价表的内容相一致。

(2) 对计量单位的换算,要仔细认真,避免出现差错。单位估价表的计量单位同预算定额相一致,通常为扩大单位。而实际在编制建筑装饰工程预算时,其计量单位多采用基本单位。因此,为了简化建筑装饰工程预算的编制,便于直接套用单位估价汇总表的预算单价,常将单位估价表的扩大单位换算成基本单位。

(3) 小数点后保留两位,如两位以上则四舍五入。

单位估价汇总表　　　　　　　　表 2-7

序号	定额编号	项　目	单位	单价（元）	其　中		
					人工费（元）	材料费（元）	机械费（元）
…	…	…	…	…	…	…	…
××	1-66	不锈钢管扶手有机玻璃栏板	m	346.13	25.61	321.86	16.66
××	1-67	不锈钢管扶手茶色半玻璃栏板	m	295.61	18.96	259.99	16.66
…	…	…	…	…	…	…	…

四、补充单位估价表

凡国家、省、自治区、直辖市颁发的统一定额和专业部门主编的专业性定额中所缺少的项目,可编制补充单位估价表,以满足工程项目的要求。补充单位估价表的作用、编制原则和依据、组成内容和表达形式等均同于单位估价表。

在编制和使用补充单位估价表时还应注意以下事项:

(1) 补充单位估价表的分部工程范围划分(即属于哪个分部)应以预算定额(或单位估价表)为依据,其计量单位、编制内容和工作内容等也应与预算定额(或单位估价表)相一致。其分部范围如同属于几个分部时,以其占比重较大者为主。

(2) 编制补充单位估价表时,其人工、材料及机械台班数量的确定,可根据设计施工图纸、施工定额、现场测定资料以及类似工程项目进行计算。

(3) 补充单位估价表由建设单位、施工单位双方编制,并报送审批定额的部门进行审定,批准后方可颁发执行。

(4) 补充单位估价表,只适用于同一建设单位的各项建筑装饰工程。

(5) 对于同一设计标准的建筑装饰工程,在编制施工图预算时,使用该补充单位估价表,其人工、材料和机械台班的数量可以不变,但其预算价格必须按相应地区的有关规定进行适当调整。

第四节　定额项目基价换算

定额的子项目内容一般只能满足经常出现的项目要求。但现实中由于设计标准不统一，以及不断涌现出的新材料、新结构、新技术和新工艺等，使得定额不可能全部满足实际编制预算的要求。因此，我们通常采取留活口的办法，允许在编制预算时进行必要的换算。

定额基价的换算是指当设计施工图纸中某些分项工程的工作内容与相应定额项目的内容不一致，而定额规定允许换算时，则应根据定额规定的换算范围、内容和方法等进行换算。使施工图纸中工程项目的工作内容和装饰工程预算定额的内容一致，从而确定出符合设计施工图纸要求的分项工程预算基价。如某省现行的建筑装饰工程预算定额的总说明中规定："装饰材料中的主材价格不同时，可以换算"；在"墙柱面工程"说明中规定"凡注明砂浆种类、配合比、饰面材料型号规格（含型材）如与设计规定不同时，可按设计规定调整，但人工数量不变"。

定额项目基价的换算通常有系数换算法、数值增减法和差价换算法等。

一、系数换算法

系数换算法即利用定额规定的换算系数乘以原定额项目，即可得到与设计相符的定额项目。

（一）定额项目全部系数换算

指定额项目的全部内容均进行系数换算。其计算公式如下：

$$\text{换算后定额基价} = \text{原定额基价} \times \text{系数}$$

【例 2-5】 某现浇框架结构办公楼室内外进行装饰，已知该办公楼为 5 层，建筑物高为 15.30m，建筑面积为 3815.20m²，垂直运输机械为卷扬机，试计算该装饰工程垂直运输机械费。

【解】 某省高级装饰预算定额规定：定额不包括垂直运输机械费，垂直运输机械费应按土建定额第十三章相应项目的垂直运输机械费的 6.28% 计算。

（1）查定额

定额编号 13-4，定额计量单位 100m²，定额基价为 2058.69 元。

（2）定额基价换算

$$\text{换算后定额基价} = 2058.69 \times 6.28\% = 129.29 \text{（元）}$$

（3）计算直接费

$$129.29 \times 38.15 = 4932.41 \text{（元）}$$

（二）定额项目局部内容系数换算

指定额项目中某一部分内容进行系数换算。其计算公式如下：

换算后定额基价 = 原定额基价 + Σ[定额规定换算内容的消耗量 ×（换算系数 − 1）× 相应单价]

或　　换算后定额基价 = 原定额基价 + Σ[定额规定换算的人工费、材料费、机械费 ×（换算系数 − 1）]

【例 2-6】 某装饰工程顶棚采用 U 形轻钢龙骨石膏板吊顶，顶棚面层工程量为

800m², 且顶棚面层不在同一标高, 高差为 300mm, 试计算顶棚面层石膏板直接费。

【解】 某省装饰工程预算定额规定: 顶棚面层不在同一标高者, 且高差在 200mm 以上为二级顶棚, 对于二级造型的顶棚, 其面层人工乘以系数 1.3。

(1) 查定额

定额编号 4-63, 定额计量单位 100m², 定额基价 1214.22 元, 人工费 273.19 元。

(2) 定额基价换算

$$换算后定额基价 = 1214.22 + 273.19 \times (1.3 - 1) = 1296.18（元）$$

(3) 计算直接费

$$1296.18 \times 8 = 10369.44（元）$$

二、数值增减法

数值增减法即将定额中的人工、材料、机械台班消耗量和相应的单价, 采用增减某一数值的方法即可得出与实际施工内容相符的定额项目。其计算公式如下:

换算后定额基价 = 原定额基价 ± Σ (定额规定增减的人工、材料、机械台班用量
× 相应单价)

【例 2-7】 某顶棚采用装配式 U 形轻钢龙骨装饰, 工程量为 318m², 其面层在同一标高, 规格为 300mm×300mm, 不上人顶棚骨架为全预埋, 试计算 U 形轻钢龙骨直接费。

【解】 某省装饰工程预算定额规定: 顶棚龙骨中不上人顶棚骨架改为全预埋时, 人工增加 0.97 工日/100m², 减去定额中的射钉用量, 增加吊筋用量 30kg/100m²。

(1) 查定额

定额编号 4-1, 定额计量单位 100m², 定额基价 3208.80 元, 人工单价 22.88 元/工日, 定额射钉用量 1.53 百个, 射钉单价 11.06 元/百个, 吊筋单价 3.77 元/kg。

(2) 定额基价换算

$$换算后定额基价 = 3208.80 + 0.97 \times 22.88 - 1.53 \times 11.06 + 30 \times 3.77$$
$$= 3327.17（元）$$

(3) 计算直接费

$$3327.17 \times 3.18 = 10580.40（元）$$

三、差价换算法

差价换算法又称为公式换算法是利用换算公式从原定额项目中采用换入、换出的方法, 使之符合设计的内容。其计算公式如下:

换算后定额基价 = 原定额基价 + Σ[材料 (机械) 定额消耗量
× (换算后材料或机械单价 - 换出材料或机械单价)]

(一) 砂浆换算

由于水泥砂浆配合比的不同, 即不同配合比水泥砂浆每立方米的价格也有差异, 从而引起相应定额基价的变化。因此, 应按定额的规定进行定额基价换算。其具体方法、步骤为:

(1) 当设计施工图纸规定的砂浆配合比与定额规定不同时, 应从预算定额的附录中查出需要进行换算的不同配合比砂浆的单价。

(2) 计算不同配合比水泥砂浆单价的价差。

(3) 从预算定额项目表中，查出该工程项目定额基价和需进行换算的砂浆定额消耗量。

(4) 计算出换算后定额基价。

(5) 计算直接费。

【例 2-8】 某装饰工程砖墙面拼碎花岗岩，其工程量为 158.12m²，设计采用 1:2.5 水泥砂浆结合，试计算该分项工程直接费。

【解】 某省装饰工程预算定额规定：砂浆配合比如与设计规定不同时，可按设计规定调整，但人工数量不变。

(1) 查定额

定额编号 2-22，定额计量单位 100m²，定额基价 10371.44 元，定额 1:3 水泥砂浆用量 0.89m³，1:2.5 水泥砂浆单价 236.75 元/m³，1:3 水泥砂浆单价 205.16 元/m³。

(2) 定额基价换算

换算后定额基价 = 10371.44 + 0.89 × (236.75 − 205.16) = 10399.56（元）

(3) 计算直接费

$$10399.56 \times 1.58 = 16431.30（元）$$

(二) 木门窗框、扇挺料的换算

由于设计的木门窗框、边挺料的断面尺寸与定额的断面尺寸不符，从而将引起木材用量的不同。所以，应对定额项目的木材用量和基价进行换算。其计算公式如下：

$$换算后木材用量 = \frac{设计断面积（含刨光损耗）}{定额断面积} \times 定额木材用量$$

换算后的定额基价 = 原定额基价 + 相应等级的木材单价 × (换算后木材用量 − 定额木材用量)

【例 2-9】 某木窗扇工程量为 750m²，采用一等红松，设计净断面尺寸为 61mm × 41mm，定额断面尺寸为 60mm × 45mm，试计算该木窗的制作直接费。

【解】 某省预算定额规定：普通门窗的断面如与设计不同时，应按比例换算。

(1) 查定额

定额编号 7-71，定额计量单位 100m²，定额基价 4869.01 元，一等红松定额消耗量 2.227m³，一等红松单价 1692.70 元/m³。

(2) 换算木材用量

根据预算定额规定，两面刨光加 5mm 损耗。

$$换算后木材用量 = \frac{(61+5) \times (41+5)}{60 \times 45} \times 2.227 = 2.504（m³）$$

(3) 定额基价换算

换算后定额基价 = 4869.01 + 1692.70 × (2.504 − 2.227) = 5337.89（元）

(4) 计算直接费

$$5337.89 \times 7.5 = 40034.18（元）$$

思考题与习题

2-1 单位估价表有哪些作用?
2-2 单位产品人工费的计算公式是什么?定额日工资由哪些内容组成?
2-3 单位产品材料费的计算公式是什么?材料预算价格由哪些内容组成?
2-4 单位产品机械费的计算公式是什么?机械台班预算价格由哪些内容组成?
2-5 通常定额基价换算有几种方法?如何进行换算?

第三章 建筑装饰工程概预算概论

第一节 概 述

一、基本建设的概念

基本建设是指国民经济各部门为了扩大再生产而投资建造固定资产的建设经济活动。它是发展国民经济的物质技术基础，实现社会主义扩大再生产和提高人民物质文化生活水平的重要手段。基本建设是通过新建、扩建、改建、恢复工程及其与之有关的工作，把一定的设备、材料和物质，通过勘察设计、购置、建筑安装和调试等活动转化为固定资产的过程。

固定资产是指在物质生产过程中用来改变或影响劳动对象的劳动资料。固定资产根据用途可分为生产性和非生产性两类：生产性固定资产的形成，标志着扩大再生产；非生产性固定资产的形成，标志着人民物质文化水平的提高。所以，固定资产由劳动手段和非生产性用房、设备等组成。其特点是在生产或非生产过程中，可以起到长期发挥生产能力或使用效果的作用，并保持原有的实物形态不变。凡列为固定资产的劳动资料，应同时具备两个条件：①使用年限在一年以上；②单位价值在规定的限额以上（一般分别规定为800元、500元、200元等）。对于不同时具备两个条件，更换频繁的劳动资料（如工具、用具等），一般作为低值易耗品和周转材料列为流动资金。

基本建设消耗资源多、工期长、投资大、建造复杂。要经过周密计划、勘察设计、购置、建筑安装、调试以及竣工验收等一系列的生产过程，才能形成新的固定资产。在我国每年投资于基本建设固定资产的数额达数百亿以及千亿计。这种将投资转化为固定资产的经济活动，在整个国民经济中占有重要地位，对国家的经济持续增长和满足人民物质文化生活的需要，将起着主导的、决定性的重要作用。

二、基本建设分类

基本建设的范围很广，内容比较复杂，它涉及国民经济各个部门的固定资产投资和购置、建造，是一个综合性很强的经济领域。从整个社会来看，基本建设是由所有的基本建设工程项目组成（简称建设项目）。根据基本建设工程项目的性质、阶段、用途、规模、资金来源等不同，基本建设工程项目可作如下分类：

（一）按建设项目的建设性质分类

1. 新建项目

新建项目是指原来没有，现在开始新建的项目；或对原有建设项目单位重新进行总体设计，经扩大建设规模后，其新增加的固定资产价值超过原有固定资产价值三倍以上的建设项目。

2. 扩建项目

扩建项目是指原有企业或事业单位，为扩大原有主要产品生产能力或效益，或增加新产品生产能力，在原有固定资产的基础上新建一些主要生产车间或其他固定资产的项目。

3. 改建项目

改建项目是指原有企业或事业单位，为提高生产或使用效益，改进产品质量或改进产品方向，对原有设备、工艺流程进行技术改造的项目；或为提高综合生产能力，增加一些附属和辅助车间或非生产性工程的项目。

4. 恢复项目（重建项目）

恢复项目是指因重大自然灾害、生产事故、战争等原因，使原有固定资产遭到全部或部分破坏，而后又重新投资按原有规模重建或在恢复的同时进行扩建的工程项目。

5. 迁建项目

迁建项目是指原有企业或事业单位，由于各种原因迁往其他地区（不论是否维持原来规模）建设的项目。

（二）按建设项目的建设阶段（过程）分类

1. 筹建项目

筹建项目是指已经开始筹备而尚未开工的建设项目。

2. 在建项目（施工项目）

在建项目是指正处在施工中的项目。

3. 收尾项目

收尾项目是指建设项目中主要工程已分别竣工验收合格，设计生产能力全部建成，但是在原设计范围内的工程，还遗留少量零星工程尚未完成，需要收尾的项目。

4. 竣工项目

竣工项目是指按设计要求的工程已全部建成，并已验收合格，移交给建设单位，但还未投产或使用的项目。

5. 投产或使用项目

投产或使用项目是指工程已全部建成并竣工验收完毕，建设单位已投入生产或使用的建设项目。

（三）按建设项目的用途分类

1. 生产性建设项目

生产性建设项目是指直接用于物质生产或满足物质生产需要的建设项目。它包括工业、建筑业、农业、林业、水利、气象、运输、邮政、电讯、商业、物资供应、地质资源勘察等建设。

2. 非生产性建设项目

非生产性建设项目是指用于满足人民物质文化生活需要的建设项目。它包括住宅、文教、卫生、科学实验研究、公用事业和其他建设项目。

（四）按建设项目的规模分类

按建设项目的规模大小，可分为大型、中型和小型项目。大中小型项目是根据建设项目的建设总规模、设计生产能力或总投资来划分的。其划分的标准各行业不尽相同。一般情况下，生产单一产品的企业，可按产品的设计能力划分；生产多种产品的，可按主要产品的设计能力划分；若难以按生产能力划分的，可按其全部投资额划分。

（五）按建设项目的计划分类

1．计划内项目

计划内项目是指列入国家基本建设计划或国家授权由各省、直辖市、自治区和各部门批准的建设项目。

2．计划外项目

计划外项目是指未列入国家基本建设计划和未报经有关部门批准而进行的建设项目。

（六）按建设项目的隶属关系分类

1．中央项目

中央项目是指由国家中央机构投资的建设项目。它又可分为部直属项目和部下放项目。

（1）部直属项目，是指由国务院各部、委直属的投资项目。这些项目的计划由国务院各部、委直接编制、下达。

（2）部下放项目，是指国务院各部、委下放给地方，但仍由各部、委代管的项目。这些项目的计划由国务院各部、委和地方共同商定，由国务院各部、委直接安排投资，并供应材料。

2．地方项目

地方项目是指各省、自治区、直辖市和计划单列市所属并由地方安排投资的项目。

地方项目又可分出一部分称为部委地方项目，是指在不改变项目隶属关系的情况下，项目投产后调出部分产品，或主要为全国服务，由中央有关部门同省、市商量共同安排投资的项目。

3．合资建设项目

合资建设项目是指由两个以上的建设单位联合投资兴建的项目。对于跨省、直辖市、自治区合资建设的项目，一般由项目所在地的一方为主进行管理；跨行业合资建设的项目，一般以最终产品所属部门、行业为主进行管理；跨所有制合资建设的项目，一般由全民所有制单位为主进行管理。

（七）按建设项目资金来源和渠道分类

1．国家投资项目

国家投资项目是指国家预算直接安排基本建设投资的项目，其中包括财政统借统还的利用外资投资项目。

2．银行信用筹资的项目

银行信用筹资的项目是指通过银行信用方式供应基本建设投资的项目，其资金来源于银行自有资金、流通货币、各项存款和金融债券。

3．自筹资金项目

自筹资金项目是指各地区、部门、单位按照财政制度提留、管理和自行分配用于基本建设投资项目，包括地方财政自筹、部门自筹和企业、事业单位自筹。

4．利用长期资金市场的项目

利用长期资金市场的项目是指利用国家债券筹资和社会集资（包括股票、国内债券、国内补偿贸易等）的项目。

5．引进外资的项目

引进外资项目是指利用国外资金建设的项目。外资的来源为：

(1) 借用国外资金，包括向外国银行、外国政府或国际金融机构借入资金和在国外金融市场上发行债券、吸收外国银行、企业和私人的存款等。

(2) 吸引外国资本直接投资，包括本国与外国合资经营、合作经营、外资企业以及合作开发、补偿贸易和设备租赁等。

三、建设工程项目划分

建设工程造价，反映的是建设工程从筹建至竣工验收、交付使用所需的全部建设费用。其费用包括：建筑工程费、设备购置费、设备安装工程费、工器具及生产家具购置费和其他工程费等五部分内容。其中设备购置费和工器具及生产家具购置费是按购置原价加计运杂费等因素，比较容易确定，它是一种价值转移。而其他工程费用可以根据工程实际情况，按照国家和地方有关部门的规定进行计算，其确定也较容易。但建设工程造价的主要组成部分，即建筑和安装工程造价的计算，却是一项较为复杂的工作，如果对一个庞大、复杂的建筑安装工程整体进行工料分析和准确计算工程造价，则是相当困难的。因为建筑安装工程是由许多技术结构部分组成的复杂综合体，它包括若干个专业工程，而每个专业工程又包括若干个工种工程，它的施工又是一种复杂的生产活动，要消耗大量的人力、物力和财力。要想准确合理地计算和确定建筑及安装工程造价，必须根据由大到小、由整体到局部的原则对工程建设项目进行多层次的分解和划细，找出便于计算工料消耗的各种基本构成要素，即用较简单的施工过程就能完成。并且用适当的计量单位便可计算出各种基本构成要素的人工、材料和机械台班的消耗量及其价值，再通过汇总求出直接费，然后按国家规定的有关费用定额和标准加计其他直接费、现场经费、间接费、利润和税金等，最后汇总计算出整个建设项目的造价。

一般典型的建设工程项目按组成内容不同，从大到小，可划分为建设项目、单项工程、单位工程、分部工程和分项工程。

（一）建设项目

建设项目是指具有独立的行政组织机构和实行独立的经济核算，有完整的设计（计划）任务书，并按一个总体设计进行施工的各工程项目的总体。建成后具有完整的系统，可以独立形成生产能力或使用价值的建设工程。在工业建设中，一般是以一座工厂为一个建设项目，如一座钢铁厂、纺织厂、汽车厂等。在民用建设中，一般以一个事业单位为一个建设项目，如一所学校、一所医院等。在农业建设中，是以一座农场、一座农业产品加工厂等为一个建设项目。在交通运输建设中，是以一条铁路或公路等为一个建设项目。

（二）单项工程（工程项目）

单项工程是建设项目的组成部分。一个建设项目可包括若干个单项工程，也可以只有一个单项工程。

单项工程是指具有独立的设计文件，并能独立组织施工，建成后可以独立发挥生产能力或使用效益的工程。如一座工厂中的各个生产车间、办公楼、车库、食堂等；一所学校中的教学楼、图书馆、学生宿舍等，都是具体的单项工程。

单项工程是具有独立存在意义的一个完整工程，也是一个复杂的综合体，不易准确计算工程造价。为方便计算，仍需进一步分解为几个单位工程。

（三）单位工程

单位工程是单项工程的组成部分。它是指具有单独设计的施工图纸和单独编制的施工图预算，可以独立组织施工及单独作为成本核算对象，但建成后一般不能单独发挥生产能力或使用效益的工程。

一个单项工程按投资构成可划分为：建筑工程、设备安装工程、设备和工器具及生产家具购置等。其中建筑工程可根据各组成部分的性质与作用，分为以下单位工程：

（1）一般土建工程。包括建筑物和构筑物的各种结构工程和普通装饰工程。

（2）建筑装饰工程。它是指各类工程的高级装饰。随着人们物质文化生活水平的提高和美化城市、环境的需要，高级装饰方兴未艾，已成为一个独立专业化的新兴行业，它已具备了单位工程的特点。

（3）特殊构筑物工程。包括各种设备基础、高炉、隧道等。

（4）工业管道工程。包括蒸汽、压缩空气、煤气和输油管道等工程。

（5）卫生工程。包括给水与排水、采暖、通风、民用煤气管道工程等。

（6）电气照明工程。包括室内外照明设备安装、线路敷设、变电和配电设备安装工程等。

设备安装工程一般指机械设备、电气设备等安装。

上述各种建筑工程、设备安装工程中的每一个单位工程，仍然是一个较大的综合体，要想准确计算其造价，还是比较困难。因此，对单位工程再进一步分解为分部工程。

（四）分部工程

分部工程是单位工程的组成部分。一般是按单位工程的各个部位、构件性质、使用的材料、工种、设备种类及施工方法等不同划分的工程。例如，建筑装饰工程可以划分为：楼地面工程、墙柱面工程、顶棚工程、门窗工程、油漆和涂料工程、脚手架工程及其他工程等。上述工程中的每一部分都称为分部工程，它们都是由不同工种、使用不同机具和材料完成的。

在分部工程中影响工料消耗大小的因素仍很多，由于其构造、使用材料规模或施工方法等因素不同，则完成同一计量单位的工程所消耗的人工、材料和机械台班数量及其价值也有较大差异。因此，对分部工程还要进一步分解为分项工程。

（五）分项工程

分项工程是分部工程的组成部分。一般是按选用的施工方法、材料和结构构件规模、构造不同等因素划分的。其特点是通过较简单的施工过程就能完成，并可以用适当计量单位就能计算其工程量及单价的建筑或设备安装工程的产品。例如，《全国统一建筑工程基础定额》装饰分部工程中，采用大理石装饰墙柱面，根据施工方法、材料及规格等因素不同划分的分项工程为：挂贴大理石、拼碎大理石、粘贴大理石（水泥砂浆粘贴）、粘贴大理石（干粉型黏结剂粘贴）及干挂大理石等。每个分项工程都能用简单的施工过程完成，并能较容易地计算出完成一定计量单位的分项工程所需消耗的人工、材料和机械台班的数量及单价。分项工程是单项工程组成部分中最基本的构成要素。这种分项工程与一般工业产品不同，它没有独立存在的意义，是人为确定的一个比较简单的和可行的"假定"产品，其目的就是为了准确合理地计算工程量及相应的人工、材料、机械台班消耗量和价格。

为了更准确地计算分项工程的价格，有的分项工程还可再进一步分解为子项目，如墙柱面采用水泥砂浆粘贴大理石，可划分为：砖墙面、混凝土墙面、零星项目粘贴大理石等子项目。

下面将建设项目分解示例,见图3-1。

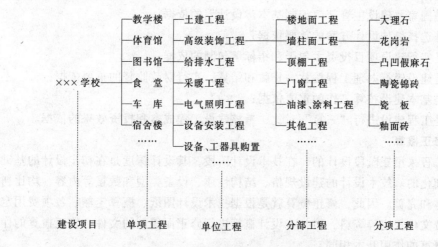

图3-1 建设工程项目划分示意图

第二节 建筑装饰工程概预算分类

根据我国现行的设计和概预算文件编制以及管理方法,对工业与民用建设工程项目规定:①采用两阶段设计的建设项目,在扩大初步设计阶段,必须编制设计概算;在施工图设计阶段,必须编制施工图预算。②采用三阶段设计的建设项目,除在扩大初步设计、施工图设计阶段,必须编制设计概算和施工图预算外,还必须在技术设计阶段编制修正概算。③在基本建设全过程中,根据基本建设程序的要求和国家有关文件规定,除编制上述概预算文件外,在其他建设阶段,还必须编制以设计概算为基础(投资估算除外)的其他有关经济文件。

一、投资估算

投资估算,一般是指在基本建设的计划阶段,根据计划任务书规划的工程规模,依照估算指标或概算指标等资料,由建设单位向国家或主管部门申请基本建设投资,确定建设项目投资总额而编制的文件。

投资估算是计划(设计)任务书的主要内容,它是国家或主管部门审批项目(立项)的主要依据,也是建设单位确定基本建设投资计划的重要文件。

投资估算主要根据估算指标、概算指标、类似工程概预算等资料,按指数估算法、市场询价加系数计算法、类似概预算计算法、单位产品投资指标法、平方米造价估算法、单位体积估算法等方法进行编制。

二、设计概算

设计概算是在初步设计或扩大初步设计阶段,由设计单位根据相应设计阶段的设计图纸、概算指标或概算定额、各项费用定额以及有关取费文件规定等资料,预先计算和确定建筑装饰工程费用而编制的文件。

设计概算主要有以下作用:

(1) 是初步设计或扩大初步设计文件的重要组成部分；
(2) 是国家确定和控制工程建设投资额的依据；
(3) 是国家及建设主管部门编制基本建设计划的依据；
(4) 是选择最佳设计方案的重要依据；
(5) 是实行建设项目投资大包干和招标承包制的依据；
(6) 是建设银行办理工程拨款、贷款和结算，实行财政监督的重要依据；
(7) 是基本建设核算工作的重要依据；
(8) 是工程建设进行"三算"对比，考核建设工程成本和投资效果的依据。

三、修正概算

对于工程采用三阶段设计的，在技术设计阶段，其设计深度是在初步设计的基础上进行修改和细化的。技术设计的建设规格、结构性质、设备类型和数量等内容，均比初步设计更加具体和完善。因此，修正概算就是根据技术设计图纸、概算定额、各项费用定额以及有关取费文件规定等资料，对初步设计概算进行修正而编制的文件。修正概算的作用与初步设计概算的作用基本相同。

四、施工图预算

施工图预算是指在施工图设计阶段或施工阶段开工之前，由设计单位或施工单位根据施工图纸计算的工程量、施工组织设计和国家（或地方主管部门）规定的现行预算定额、单位估价表及有关取费文件规定等资料，预先计算和确定建筑装饰工程费用而编制的文件。

施工图预算在建筑装饰工程中的作用主要表现在：
(1) 是确定建筑装饰工程预算造价的依据；
(2) 是对施工图设计进行技术经济分析，选择最佳设计方案的依据；
(3) 是签订工程施工合同，实行工程预算包干，进行工程竣工结算的依据；
(4) 是工程实行招标承包制，编制标底和标价的依据；
(5) 是建设银行拨付工程价款和实行财政监督的重要依据；
(6) 是施工企业编制施工计划、施工技术财务计划和施工准备的依据；
(7) 是施工企业项目经理部调配和控制工料消耗的依据；
(8) 是施工企业项目经理部进行"两算"对比，考核工程成本和经营管理效果的依据。

五、施工预算

施工预算是在施工阶段开工之前，在施工图预算的控制之下，施工队根据施工图计算的工程量、施工定额（或劳动定额、材料和机械台班消耗定额）、施工组织设计等资料，通过工料分析，预先计算和确定完成一个单位工程或其中的分部分项工程所需的人工、材料、机械台班及其相应费用而编制的文件。

施工预算在工程施工中的作用主要表现在：
(1) 是施工企业的项目经理部对工程实行计划管理，编制施工作业计划和资源需要量计划的依据；
(2) 是施工队向班组下达施工任务单和限额领料的依据；
(3) 是实行班组经济核算和按劳分配，开展定额经济包干及推行全优综合奖励制度的依据；

(4) 是施工队进行"两算"对比的依据；

(5) 是保证降低成本技术措施计划实施和计划利润完成的重要因素。

六、工程结算

工程结算是指建筑装饰工程完工，并经建设单位及有关部门验收点交后，施工企业根据竣工施工图纸、预算定额、单位估价表、各项费用定额和工程实际情况的记录、现场签证等资料，在概算范围内和施工图预算的基础上，确定工程价款实际数额而编制的文件。

工程结算一般有中间结算和竣工结算等方式，而中间结算又可分为定期结算、阶段结算和年终结算（指跨年度工程）。

工程结算的主要作用有：

(1) 是施工企业确定完成建筑装饰工程量，统计竣工率和进行经济核算、考核工程成本的依据；

(2) 是施工企业结算工程价款，确定工程收入的依据；

(3) 是确定和总结已完工程施工盈亏和补偿后面工程施工资金耗费的依据；

(4) 是建设单位落实投资完成额的依据；

(5) 施工企业通过建设银行，向建设单位办理竣工结算后，标志着双方承担的合同义务和经济责任的结束。

七、竣工决算

竣工决算又称竣工成本决算，可分为建设项目或单项工程竣工决算和单位工程竣工成本决算。

（一）建设项目或单项工程竣工决算

建设项目或单项工程竣工决算是指在竣工验收阶段，当建设项目或单项工程完工验收后，由建设单位财务及有关部门，根据竣工结算、前期工程费用及国家有关规定等资料，计算和确定工程从筹建到建成投产或使用的全部实际成本而编制的文件。

竣工决算的作用主要表现在：

(1) 是建设投资管理的重要环节，也是全面反映工程建设经济效果和财务状况的总结性文件；

(2) 是核定新增固定资产和流动资产价值，办理交付使用的依据；

(3) 竣工决算与概、预算的对比分析，可以考核建设成本的支出状况，总结经验，积累技术经济资料，促进提高投资效果。

(4) 是建设项目进行经济后评估的依据。

（二）单位工程竣工成本决算

单位工程竣工成本决算是指单位工程竣工验收后，施工企业根据单位工程竣工结算等资料，计算和确定单位工程施工实际成本而编制的文件。

单位工程竣工成本决算是施工企业内部的文件，其主要作用表现在：

(1) 是施工企业进行实际成本分析，核算单位工程的预算成本、实际成本和成本降低额的依据；

(2) 是反映施工企业经营效果，总结经验，提高企业经营管理水平的手段。

基本建设程序与各建设阶段编制的相应技术经济文件之间的相互关系，如图 3-2 所

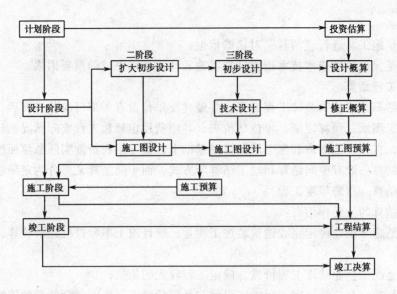

图 3-2 基建程序与各种技术经济文件之间关系示意图

示。

综上所述，各项概预算、结算和决算都是以价值形态贯穿整个建设过程中。申请审批项目要编制投资估算；初步或扩大初步设计要编制设计概算；技术设计要编制修正概算；施工图设计要编制施工图预算；在施工阶段开工之前，施工企业内部控制成本支出需编制施工预算；在施工过程中要编制工程进度价款结算；在工程竣工阶段，施工单位与建设单位要进行竣工结算。最后，建设单位、施工企业还要分别编制竣工决算。通常将概算、施工图预算和竣工决算称为建设工程"三算"，要求决算不能超过预算，预算不能超过概算。

第三节 建设工程造价的构成

建设项目总造价、单项工程造价和单位工程造价统称工程造价。建设项目或单项工程造价，是指建设项目或单项工程从筹建到竣工验收、交付使用所需的全部建设费用。其内容包括建筑安装工程费、设备及工器具购置费、工程建设其他费、预备费、建设期投资贷款利息、固定资产投资方向调节税。

一、建筑安装工程费

建筑安装工程费是指建设单位支付给从事建筑、安装工程施工单位的全部生产费用。在工程建设中，建筑安装工作是创造价值的生产活动，其费用作为建筑安装工程价值的货币表现，它包括建筑工程和设备安装工程费两部分内容，建筑安装工程费均由直接工程费、间接费、利润、税金等四部分组成。

（一）建筑工程费

建筑工程费用包括各种厂房、学校、住宅、仓库等建筑物中的一般土建、高级装饰、给排水、采暖通风、电气照明等工程费用；铁路、公路、码头、矿井、设备基础等构筑物的工程费用；各种工业管道、电力和通讯线路的敷设工程、各种工业窑炉砌筑、金属结构工程、水利工程等费用。

（二）设备安装工程费

设备安装工程费是指进行各种需要安装的机械和电气设备及附属于被安装设备的各项工作而发生的费用。主要包括生产、动力、起重、运输、传动、医疗、实验等设备的装配；与设备相连的工作台、梯子、栏杆等工程以及附设于被安装设备的管线敷设工程和被安装设备的绝缘、防腐、保温、油漆等工作的材料费和安装费；为测定安装工程质量，对单个设备进行单机运转和对系统设备进行系统联动、无负荷试运转工作的调试费。

二、设备及工器具购置费

（一）设备购置费

设备购置费是指按照设计文件规定，需要购置用于生产或服务于生产、办公和生活的各种设备的全部费用。其中包括设备的原价、包装费和运杂费等。

（二）工器具及生产家具的购置费

工器具及生产家具购置费是指购置为生产、实验室、学校、医疗室以及经营管理或生活需要的达到固定资产标准的各种工具、器具、仪器、生产用具和家具等费用。其中包括它们的原价、包装费和运杂费等。

对于新建项目中不够固定资产标准的工器具和生产用具的购置费，应列入工程建设其他费用项目内。

三、工程建设其他费用

工程建设其他费用是指根据有关规定应在工程建设投资中支付的，并已列入建设项目总概算或单项工程综合概算的，除建筑安装工程费和设备、工器具购置费以外的一些费用。这些费用是属于整个建设工程的费用，而并不属于建设项目中的任何一个工程项目。其内容包括：土地征用及迁移补偿费、青苗补偿费、建设单位管理费、研究试验费、生产职工培训费、办公和生活家具购置费、联合试运转费、勘察设计费、供电贴费、施工机械迁移费、矿山巷道维修费、引进技术和设备项目的其他费用、工程监理费、工程施工期间的保险费、市政基础设施建设（摊销）费、工程招标管理费、工程造价审查费等。

四、预备费

预备费又称不可预见费。我国现行规定的预备费包括基本预备费和工程造价调整预备费。

（一）基本预备费

基本预备费是指初步设计及概算内难以预料的工程和费用。其内容包括：在批准的初步设计和概算范围内，技术设计、施工图设计及施工过程中所增加的工程和费用；一般自然灾害造成的损失和预防自然灾害所采取的措施费用；竣工验收时为鉴定工程质量，对隐蔽工程进行必要的挖掘和修复费用。

（二）工程造价调整预备费

工程造价调整预备费是指建设项目在建设期间内由于价格等变化引起工程造价变化的预测预留费用。其内容包括：人工费，设备、材料、施工机械价差，建筑安装工程费、工程建设其他费用调整，利率、汇率调整等。

五、固定资产投资方向调节税

按照《中华人民共和国固定资产投资方向调节税暂行条例》的规定，对单位和个人用于固定资产投资的各种资金而征收的一种调节税款。

固定资产投资方向调节税以在我国境内进行固定资产投资的单位和个人为纳税人（不包括外商投资企业和外国企业），以固定资产投资实际完成的投资额为计税依据。对于更新改造的投资项目，则以其中的建筑工程实际完成的投资额为计税依据。

固定资产投资方向调节税采用差别比例税率。根据国家的产业政策和项目经济规模，分0%、5%、10%、15%、30%五个档次的税率。

固定资产投资方向调节税通常实行"计划预缴，年度结算，竣工清算"的征收方法。

六、建设期投资贷款利息

建设期投资贷款利息是指建设项目使用的投资贷款，在建设期内应归还的贷款利息。

以上项目的工程投资可分为静态投资和动态管理两部分内容。建设工程静态投资是指以编制投资计划或概预算造价时的社会整体物价水平和银行利率、汇率、税率等为基本参数，按照定额或有关文件规定计算得出的建设工程投资额。其内容包括：建筑安装工程费、设备及工器具购置费、工程建设其他费用和基本预备费。建设工程动态管理是指在建设期内，因建设工程贷款利息、汇率变动、固定资产投资方向调节税，以及建设期间由于物价变动等引起的建设工程投资增加额。

思考题与习题

3-1 什么是基本建设？基本建设的类型有哪些？

3-2 基本建设按其性质分类包括哪些内容？

3-3 为什么要分解建设工程项目？如何划分建设工程项目？

3-4 什么是建设项目、单项工程和单位工程，举例说明？

3-5 按建筑装饰阶段不同，概预算等技术经济文件是如何分类的？各文件主要确定的是什么费用？其作用是什么？

3-6 建设工程"三算"是什么？它们之间是什么关系？

3-7 竣工决算有几种类型？

3-8 施工企业主要编制哪些技术经济文件？

3-9 施工图预算、施工预算和单位工程竣工决算各确定的是什么成本？各成本之间是什么关系？

3-10 建设工程造价包括哪些内容？

3-11 什么是建筑安装工程费？

3-12 什么是工程建设其他费用？该费用主要有什么特点？

3-13 什么是预备费？预备费分为几种类型？

第四章 建筑装饰工程费

建筑装饰工程费由直接工程费、间接费、利润和税金等内容组成，见表4-1。

建筑装饰工程费用的组成 表 4-1

建筑装饰工程费	一、直接工程费	（一）直接费	1. 人工费
			2. 材料费
			3. 施工机械使用费
		（二）其他直接费	1. 冬雨期施工增加费
			2. 夜间施工增加费
			3. 材料二次搬运费
			4. 生产工具用具使用费
			5. 检验试验费
			6. 特殊工种培训费
			7. 工程定位复测、工程点交、场地清理费
			8. 特殊地区施工增加费
		（三）现场经费	1. 临时设施费
			2. 现场管理费
	二、间接费	（一）企业管理费	
		（二）财务费	
		（三）其他费用	
	三、利润		
	四、税金		

建筑装饰工程费用的计算方式有两种，即直接费按概预算定额或单位估价表计算；其他各项费用是在直接费中人工费的基础上，根据建设工程费用定额，采用综合费率的方法计算。

第一节 费 用 定 额

费用定额是指不能按概预算定额计取的各项费用，以所规定的计费基础和费率的形式表现的一种取费指标。

费用定额一般是以总包的单位工程或分包的分部工程为综合对象，按工程性质和费用项目不同进行编制。由于全国各地区的自然条件和经济发展水平有较大差别，目前国家尚未制定全国统一的费用定额。国家只制定出建筑安装工程费用项目的内容组成，各省、直辖市、自治区根据国家规定的费用内容，结合本地区建筑安装工程费用的实际情况，负责编制本地区的费用定额。各地区对建筑安装工程费用项目划分、计费基础和相应费率的规定都大同小异。

一、费用定额的作用

（1）是编制工程概预算，确定工程造价的依据；

(2) 是制定工程招标标底和投标标价的基础；

(3) 是施工企业贯彻经济核算，控制费用支出的依据；

(4) 是建设单位与施工企业办理工程结算，确定工程实际价款的依据。

二、费用定额的分类

根据工程性质和承包范围不同，费用定额可分为以下几种类型：

(1) 土建工程费用定额。适用于新建、扩建、改建的工业与民用建筑物和构筑物工程。

(2) 装饰工程费用定额。适用于总包或单独承包或分包的高级装饰工程。

(3) 构件制作工程费用定额。适用于单独承包或分包的预制混凝土构件、金属构件、木制构件和门窗工程。

(4) 构件运输及安装工程费用定额。适用于单独承包或分包的预制混凝土构件、金属构件运输及安装工程。

(5) 桩基础工程费用定额。适用于单独承包或分包陆地打钢筋混凝土桩、打拔钢板桩及沉（打）孔、钻孔灌注桩工程。

(6) 独立土石方工程费用定额。适用于堤坝、沟渠、人工湖、水池、运动场、厂区平整、单位构筑物总挖土量超过 $2000m^3$ 的超出部分、建筑物完工后的场区清理等独立挖运土石方工程和设备安装室外管道的土石方工程。

(7) 安装工程费用定额。适用于各类机械设备、电气设备、工艺管道、炉窑砌筑、给排水、采暖、煤气、通风空调等安装工程。

(8) 市政工程费用定额。适用于市政桥涵工程、道路工程、市政给排水、热力及燃气管道工程（包括土石方工程）、堤防工程、隧道工程、仿古建筑工程、市政照明工程及园林工程。

(9) 房屋修缮工程费用定额。适用于房屋修缮、拆除工程。

三、费用定额的内容和计费基础

费用定额的内容包括：其他直接费、现场经费、间接费、利润、税金及本地区其他有关费用标准和计算方法。

按国家规定，各项费用的计费基础包括：

(1) 其他直接费、现场经费的计费基础。土建工程等以直接费为准，装饰（单独承包）、安装工程等以人工费为准。

(2) 间接费的计费基础，土建工程等以直接工程费为准，装饰（单独承包）、安装工程等以人工费为准。

(3) 利润的计费基础，土建工程等以直接工程费与间接费之和为准，装饰（单独承包）、安装工程等以人工费为准。

(4) 税金的计费基础，以直接工程费、间接费、利润三项之和为准。

目前有些地区为了统一取费标准，将其他直接费、现场经费、间接费和利润等，均采用统一计费基础。如黑龙江省建筑安装工程费用定额（2000年）中上述费用的计费基础，均为人工费。由于各地区的具体情况不同，因此建筑安装工程费用的划分及计算方法，应按本地区规定执行。

第二节 直接工程费

直接工程费是指在建筑施工中，直接耗用在建筑产品上及施工现场管理等所需的各项费用。它包括直接费、其他直接费和现场经费。

一、直接费

直接费是指施工过程中耗费的构成工程实体和有助于工程形成的各项费用。包括人工费、材料费、施工机械使用费。

（一）人工费

人工费是指直接从事建筑安装工程施工的生产工人开支的各项费用。它包括基本工资、工资性补贴、生产工人辅助工资、职工福利费、生产工人劳动保护费。

开支范围内包括现场内水平、垂直运输的辅助工人和现场附属生产单位（非独立经济核算）的工人。但下列人员的工资，不能计入人工费中，只能在相应的材料费、机械费和现场管理费中支出：

（1）材料采购和材料保管人员；
（2）材料到达施工现场前的装卸工人；
（3）驾驶施工机械和运输机械的工人；
（4）由现场管理费支付工资的人员。

人工费可按下式计算：

$$\text{分项工程人工费} = \text{分项工程量} \times \text{单位产品定额人工费}$$

或 $$\text{分项工程人工费} = \text{分项工程量} \times \text{单位产品定额人工用量} \times \text{工人日工资}$$

$$\text{单位工程人工费} = \Sigma(\text{分项工程人工费})$$

（二）材料费

材料费是指施工过程中耗用的构成工程实体的原材料、辅助材料、构配件、零件、半成品的费用和周转使用材料的摊销（或租赁）费用。它包括材料原价（或供应价）、供销部门手续费、包装费、材料自来源地运至工地仓库或指定堆放地点的装卸费和运输费及途耗、材料采购及保管费。

材料费中不包括：施工机械修理与使用所需的燃料和辅助材料、检验试验和冬雨期施工所需的材料、搭设临时设施的材料。这些材料费用应列入机械费、其他直接费和临时设施费中。

材料费可按下式计算：

$$\text{分项工程材料费} = \text{分项工程量} \times \text{单位产品定额材料费}$$

或 $$\text{分项工程材料费} = \text{分项工程量} \times \Sigma(\text{单位产品定额材料用量} \times \text{材料预算价格})$$

$$\text{单位工程材料费} = \Sigma(\text{分项工程材料费})$$

（三）机械费

机械费是指使用施工机械作业所发生的机械使用费，以及机械安、拆和进出场费用。它包括折旧费、大修理费、经常修理费、安拆费及场外运输费、燃料动力费、驾驶施工机械的人工费、运输机械养路费和车船使用税及保险费。

机械费中不包括：材料到达工地仓库或露天堆放地点以前的装卸和运输、材料检验试验、搭设临时设施所需的机械费用。这些机械费应列入材料费、检验试验费和临时设施费中。

机械费可按下式计算：

$$分项工程机械费 = 分项工程量 \times 单位产品定额机械费$$

或

$$分项工程机械费 = 分项工程量 \times \Sigma(单位产品定额机械台班数量 \times 机械台班预算价格)$$

$$单位工程机械费 = \Sigma(分项工程机械费)$$

（四）直接费的计算方法

直接费可根据工程量和定额基价计算，也可按上述的人工费、材料费、机械费之和计算。其计算方法见下式：

$$分项工程直接费 = 分项工程量 \times 单位产品定额基价$$

或

$$分项工程直接费 = 分项工程人工费 + 分项工程材料费 + 分项工程机械费$$

$$单位工程直接费 = \Sigma(分项工程直接费)$$

或

$$单位工程直接费 = 单位工程人工费 + 单位工程材料费 + 单位工程机械费$$

二、其他直接费

其他直接费是指直接费以外施工过程中发生的并与工程又有直接关系的费用。

其他直接费与直接费的主要区别是：直接费可以直接计入具体的分项工程中计算，而其他直接费不能直接计入具体的分项工程，而是以整个单位工程为对象的共同费用。

（一）其他直接费的内容

1．冬期施工增加费

冬期施工增加费是指在冬期施工期间，为保证工程质量采取防寒保温措施而增加的费用。它包括：原材料加热、构件保温、门窗洞口封闭、掺外加剂、人工室外作业临时取暖（包括炉具设施）、人工和机械生产效率降低补偿增加的人工、材料、燃料、器具及设备摊销等费用。不包括混凝土构件蒸汽养护费、采取暖棚法施工而增加的暖棚设施费和棚内取暖费及室内施工的取暖费。

2．雨期施工增加费

雨期施工增加费是指在雨期期间施工的工程，为确保工程质量所采取的防雨等措施而增加的费用。它包括防雨措施、排除雨水、工效降低等费用。但不包括特殊工程采取的大型雨棚施工所增加的费用。

3．材料二次搬运费

材料二次搬运费是指因施工现场狭小等特殊原因而发生的二次搬运费用。对于施工单位现场平面布置不当造成的材料二次搬运费，由施工单位自负。

4．生产工具用具使用费

生产工具用具使用费是指施工生产所需的，不属于固定资产的生产工具及检验用具等购置、摊销和维修费，以及支付给工人自备工具补贴费。

5．检验试验费

检验试验费是指对建筑材料、构件和建筑安装物进行一般鉴定、检查所发生的费用。其内容包括自设试验室进行试验所耗用的材料和化学药品等费用，以及技术革新和研究试制试验费。但不包括对构件破坏性试验及其他特殊要求检验试验的费用。

6．夜间施工增加费

夜间施工增加费是指为确保工期和工程质量，根据设计和施工技术的要求，必须在夜间连续施工而增加的有关费用。其内容包括夜餐补助费、照明用电费、夜间施工人工和机械降低工效费、照明设施的安装、拆除、摊销费用等。但不包括施工单位自行赶工发生的夜间施工增加费，应在现场管理费中开支的场地照明费、值班人员夜班津贴费。对于建设单位为缩短工期，要求施工单位夜间施工增加的费用，应另外计算。

7．特殊工种培训费

特殊工种培训费是指承担某些特殊工程、新型建筑施工任务时，根据技术规范要求对某些特殊工种培训的费用。

8．工程定位复测、工程点交、场地清理费

该项费用是指工程开、竣工时的定位测量和复测，工序接转及工程验收时的点交，竣工时场内垃圾清理等费用。

9、特殊地区施工增加费

特殊地区施工增加费是指铁路、公路、通信、输电、长距离输送管道等工程，在原始森林地区或海拔2000m以上的高原地区、沙漠及河海岛屿等特殊地区承担施工任务，因受气候、气压、环境等条件影响，致使人工、机械效率降低而增加的费用。

（二）其他直接费的计算

装饰工程的其他直接费一般以人工费为计费基础的费率形式计算。其计算方法见下式：

$$其他直接费 = \Sigma(人工费 \times 相应费率)$$

三、现场经费

现场经费是指为施工准备、组织施工生产和管理所需的费用。

（一）现场经费的内容

现场经费包括临时设施费和现场管理费两部分内容。

1．临时设施费

临时设施费是指施工企业为进行建筑安装工程施工所必需的生活和生产用的临时建筑物、构筑物和其他临时设施的搭设、维修、拆除费或摊销费。

临时设施包括：临时宿舍、文化福利及公用事业房屋与构筑物、仓库、办公室、加工厂（棚），以及规定范围内的临时道路、水、电、管线等临时设施和小型临时设施。

由场外水源、电源和热源敷设到施工现场内指定地点（指按施工组织设计确定的地点，但场内活动管线至建筑物或构筑物外墙外边线一般不超过50m）的较固定管线和施工现场必须临时设置水塔、水井、发电机等设施不包括在临时设施费内，发生时另行计算，由发包单位负责。

临时设施部分由发包单位提供时，施工单位仍计取临时设施费，但应向发包单位支付使用租金。

非远地施工的临时设施，必须大面积搭设者，可根据工程具体情况合理调整费率，由各地市工程造价主管部门批准后执行。

2．现场管理费

现场管理费是指项目经理部在组织与管理工程施工过程中所发生的费用。其内容包括：
(1) 现场管理人员的基本工资、工资性补贴、职工福利费、劳动保护费等。
(2) 办公费：是指现场管理办公用的文具、纸张、账表、印刷、邮电、书报、会议、水、电、烧水和集体取暖（包括现场临时宿舍取暖）用煤等费用。
(3) 差旅交通费：是指职工因公出差期间的旅费、住勤补助费，市内交通费和误餐补助费，职工探亲路费，劳动力招募费，职工离退休、退职一次性路费，工伤人员就医费，工地转移费以及现场管理使用的交通工具的油料、燃料、养路费及牌照费。
(4) 固定资产使用费：是指现场管理及试验部门使用的属于固定资产设备、仪器等的折旧、大修理、维修费或租赁费等。
(5) 工具用具使用费：是指现场管理使用的不属于固定资产的工具、器具、家具、交通工具和检验、试验、测绘、消防用具等的购置、维修和摊销费。
(6) 保险费：是指施工管理用财产、车辆保险、高空、井下、海上作业等特殊工种安全保险等。
(7) 工程排污费：是指施工现场按规定交纳的排污费用。
(8) 其他费用。

(二) 现场经费计算

装饰工程的现场经费一般以人工费为计费基础的费率形式计算。其计算方法见下式：

$$现场经费 = 人工费 \times 现场经费费率$$

第三节 间 接 费

间接费是指施工企业为组织和管理工程施工所发生的非生产性开支费用。该项费用不直接发生在工程本身中，而是间接地为工程施工服务。

间接费与直接工程费不同，直接工程费是发生在施工现场上的有关费用，它与工程施工任务的大小有直接关系。而间接费不是发生在施工现场，它的支出与工程施工任务的大小不发生直接关系，它主要与施工企业的经营管理水平、人员办事效率高低和非生产性费用支出有着直接的联系。因此，间接费的支出，是为企业的若干工程进行施工服务，它很难分清其分属于某个具体工程的费用数额。为简便计算，一般采用分摊方式，即按费用定额规定的费率间接地计入每一具体工程中。

一、间接费的内容

间接费由企业管理费、财务费和其他费用三部分内容组成。

(一) 企业管理费

企业管理费是指施工企业为组织施工生产经营活动所发生的管理费用。其内容包括：

(1) 管理人员的基本工资、工资性补贴及按规定标准计提的职工福利费。

管理人员是指施工企业从事非生产性经营活动的工作人员。

(2) 差旅交通费：是指企业职工因公出差、工作调动的差旅费，住勤补助费，市内交通及误餐补助费，职工探亲路费，劳动力招募费，离退休职工一次性路费及交通工具油料、燃料、牌照、养路费等。

(3) 办公费：是指企业办公用文具、纸张、账表、印刷、邮电、书报、会议、水、电、燃煤（气）等费用。

（4）固定资产折旧、修理费：是指企业属于固定资产的房屋、设备、仪器等折旧及维修等费用。

（5）工具用具使用费：是指企业管理使用不属于固定资产的工具、用具、家具、交通工具、检验、试验、消防等用具的摊销及维修费用。

（6）工会经费：是指企业按职工工资总额2%计提，用于开展工会活动的费用。

（7）职工教育经费：是指企业为职工学习先进技术和提高文化水平按职工工资总额的1.5%计提的费用。

（8）劳动保险费：是指企业支付离退休职工的退休金（包括提取的离退休职工劳保统筹基金）、价格补贴、医药费、易地安家补助费、职工退职金、六个月以上的病假人员工资、职工死亡丧葬补助费、抚恤费，按规定支付给离休干部的各项经费。

目前，全国很多地市已实行了劳动保险行业统筹管理。劳动保险实行行业统筹有利于解决建筑施工企业劳保收入差异；有利于离退休职工的生活稳定和社会安定；有利于解决企业负担畸轻畸重的问题，推进建筑施工企业参与市场平等竞争；有利于加快国有建筑施工企业转换经营机制，促进建筑业发展。

实行行业统筹管理的地区，大部分将劳动保险费从企业管理费中提出单列项目计算。

（9）职工养老保险费及待业保险费：是指职工退休养老金的积累及按规定标准计提的职工待业保险费。

（10）保险费：是指企业财产保险、管理用车辆保险费用。

（11）税金：是指企业按规定交纳的房产税、车船使用税、土地使用税、印花税及土地使用费等。

（12）其他：包括技术转让费、技术开发费、业务招待费、排污费、绿化费、广告费、公证费、法律顾问费、审计费、咨询费等。

（二）财务费用

财务费用是指企业为筹集资金而发生的各项费用。包括企业经营期间发生的短期贷款利息净支出、汇兑净损失、调剂外汇手续费、金融机构手续费，以及企业筹集资金发生的其他财务费用。

（三）其他费用

其他费用是指按规定支付工程造价（定额）管理部门的定额编制管理费及劳动定额管理部门的定额测定费。

二、间接费的计算

装饰工程的间接费一般以人工费为计费基础的费率形式计算。其计算方法见下式：

$$间接费 = 人工费 \times 间接费率$$

第四节 利润和税金

一、利润

利润是指施工企业完成建筑产品的生产经营收入中所获得的不属于直接成本、间接成本的部分。在社会主义商品经济中，利润是劳动者为社会创造的新增价值，是组成建筑产品价格的一部分。

施工企业通过计取利润，一方面可以衡量企业为社会创造的新增价值多少，另一方面也为企业扩大再生产、增添技术设备和改善职工的生活福利创造了条件，而且它也是社会财富的积累和社会消费基金的主要来源之一。因此，施工企业实行利润制度，有利于调动企业和职工的积极性，也有利于企业改善经济管理，加强经济核算和提高企业的经济效益。

在市场经济条件下，利润是依据国家《关于发布全民所有制建筑安装企业转换经营机制实施办法的通知》中，有关"对工程项目的不同投资来源或工程类别，实行在计划利润基础上的差别利润率"的规定加以明确的。也就是应根据不同投资来源或工程类别，选择相应的计费基础和利润率计算利润。装饰工程的利润按下式计算：

$$利润 = 人工费 \times 利润率$$

二、税金

税金是指国家按照税法规定，向纳税人征收税款的金额。它是国家为了实现其职能，凭借国家权力，向纳税人征收的作为财政收入的一部分货币，也是国家参与国民收入分配与再分配的一种形式。按国家税法规定，税金应计入建筑安装工程造价内。

(一) 税金的内容

税金的内容有：营业税、城市维护建设税及教育费附加。

(1) 营业税：是指国家依据税法，对工商营利单位或个人，就其商品销售收入和服务性业务征收的一种税。

(2) 城市维护建设税：是按营业税实交税额的一定比例，计算征收专用于城市维护建设的一种税。凡缴纳营业税的单位和个人，都是城市维护建设税的纳税义务人。

(3) 教育费附加：是按实交营业税的一定比例，计算征收的一种专用于改善中小学办学条件的附加税。

(二) 税金计算

由于税金是计入工程造价的一种税款，它是工程造价中盈利的一个组成部分。因此，税金的计费基础应是构成造价的全部费用，即以直接工程费、间接费、利润三项之和为基数计算税金。其计算方法见下式：

$$税金 = (直接工程费 + 间接费 + 利润) \times 税率$$

税率应根据工程所在地不同，由各省、市、自治区统一制定。

第五节 其他有关工程费用

除直接工程费、间接费、利润和税金由国家统一规定费用内容之外，在工程中还可能发生另外一些费用（如远地工程增加费、材料价差等），通常称为其他有关工程费用。由于各地区的情况不同，该费用由各地区规定执行。

一、远地工程增加费

远地工程增加费是指施工企业离开驻地25km以上（包括25km）承担建设任务所增加的费用。

(一) 远地工程增加费的内容

(1) 施工力量调遣费和管理费：包括调遣职工往返差旅费、调遣期间的工资、中小型施工机具、工具仪器、周转性材料、办公和生活用品等运杂费；在施工期间因公、因病、探亲、换季而往返于原驻地之间的差旅费和职工在施工现场食宿增加的水电费、采暖和主副食运输费等。

(2) 增加的临时设施费：是指到外地施工比在本地施工需增加一些生产、行政、生活用的临时设施所发生的费用。

(3) 异地施工补贴费：是指施工人员到外地施工所需的各种补贴费用。

（二）远地工程增加费的计算

远地工程增加费，一般以人工费为基数的费率形式计算。其计算方法见下式：

$$远地工程增加费 = 人工费 \times 远地工程增加费率$$

为提高工程的竞争性，有的地区将远地工程增加费作为可浮动费用，由施工企业根据各地区规定的上下限幅度界限，确定远地工程增加费。

二、材料价差

各地区编制的统一材料预算价格，是在某一时期以综合价格编制的，它只适用于本地区的一段时间相对稳定（但对于市场材料的实际价格，仍存在差异）。随着商品经济的不断发展，材料价格也频繁发生变化，致使各地区编制的材料预算价格偏离当时、当地材料实际价格。因此，编制工程概预算，计算工程造价时，应调整材料的价格，以便符合工程实际情况。

（一）材料价差的类型

(1) 材料预算价格差：是指定额或单位估价表中的材料预算价格与现时本地规定的材料预算价格的差价。该项价差是由于两种价格制定的时间不同而产生的差价。

(2) 地区材料价差：是指定额或单位估价表编制中心地区的材料预算价格与某地区材料预算价格的差价。

(3) 市场材料价差：是指定额或单位估价表中的材料预算价格与市场材料实际价格的差价。

（二）材料价差的计算方法

1. 综合系数调差法

当材料价格调整面很大，而且又不是主要材料时，可由各地工程造价主管部门测算一个综合调整系数，按百分率计算，其计算方法见下式：

$$材料价差 = 直接费中的材料费 \times 综合调差系数$$

2. 单项材料调差法

当材料价格调整的种类不多时（主要材料），一般采用单项材料调差方法计算，其计算方法见下式：

$$材料价差 = \Sigma[材料用量 \times (材料实际价格 - 材料预算价格)]$$

采用何种方法计算材料价差，应按本地区工程造价主管部门的规定执行。材料价差的费用，不能作为计费基础计取其他直接费、现场经费、间接费和利润。

三、特种保健津贴

特种保健津贴是指承包单位在有毒、有害气体、粉尘污染等环境下和有放射性物质区域范围内进行施工时，按有关规定应享受的费用。该项费用应根据工程实际情况按下式计算：

$$特种保健津贴 = 人工费 \times 费率$$

四、赶工措施增加费

赶工措施增加费是指发包单位要求按照合同工期提前竣工而采取的各种措施增加的费用。其计算公式为：

$$赶工措施增加费 = 人工费 \times 费率$$

五、文明施工增加费

文明施工增加费是指政府有关文件规定超常规增加的文明施工措施费用。其计算公式为：

$$文明施工增加费 = 人工费 \times 费率$$

六、住房公积金等项费用

主要是对住房公积金及住房补贴、市内上下班交通补贴、自来水补贴、管道燃气补贴及有采暖地区的住房集中供暖补贴等所增加的费用。其计算方法和费率，应按各地区规定执行。

七、工程风险费

工程风险费是指在签订建筑安装工程施工承包合同时，对于建筑安装造价包干的工程，应考虑风险因素而增加的风险费用。其计算方法应根据工程特点、工期，承发包双方协商工程风险费，并在合同中约定。计算公式为：

$$工程风险费 = (直接工程费 + 间接费 + 利润) \times 费率$$

八、其他

对于国家、省或本地区规定的政策性调整费用及其他相关费用，应根据工程实际情况，按国家、省或本地区工程造价主管部门规定执行。

【例4-1】 某大酒店室内装饰工程，直接费为628500元，其中人工费为93600元。计算装饰工程预算造价（以某省装饰工程费用定额为准计算）。

装饰工程造价计算见表4-2。

装饰工程造价汇总表　　　　　　　　　　　　　表4-2

项次	费用名称	计费基础	费率（%）	金额（元）
（一）	直接工程费	(1)+(2)+(3)		652461.60
(1)	直接费			628500.00
A	其中：人工费			93600.00
(2)	其他直接费	A	5	4680.00
(3)	现场经费	A	20.6	19281.60
（二）	间接费	A	25.18	23568.48
（三）	利润	A	52	48672.00
（四）	其他有关费用	(4)+(5)+(6)		31955.04
(4)	赶工措施增加费	A	6	5616.00
(5)	文明施工增加费	A	2	1872.00
(6)	住房公积金等项费	A	26.14	24467.04
（五）	税金	（一）+（二）+（三）+（四）	3.44	26029.01
（六）	装饰工程预算造价	（一）+（二）+（三）+（四）+（五）		782686.13

思考题与习题

4-1 建筑装饰工程费用由哪些内容组成？
4-2 建筑装饰工程费用的计算方式有几种？
4-3 费用定额的作用是什么？
4-4 工程取费的计费基础有哪些？各适用于计算哪些费用？
4-5 什么是直接工程费？主要由哪些内容组成？
4-6 什么是直接费？包括哪些内容？如何计算？
4-7 人工费、材料费和机械费中未包括哪些内容？
4-8 什么是其他直接费？包括哪些内容？如何计算？
4-9 冬期施工增加费包括和未包括的内容有哪些？如何计算？
4-10 什么是材料二次搬运费？
4-11 什么是夜间施工增加费？包括和未包括哪些内容？
4-12 什么是现场经费？包括哪些内容？如何计算？
4-13 什么是间接费？由哪些内容组成？如何计算？
4-14 直接工程费和间接费有何区别？
4-15 什么是利润？如何计算？
4-16 什么是税金？包括的内容有哪些？如何计算？
4-17 什么是其他有关工程费用？
4-18 什么是远地工程增加费？包括哪些内容？如何计算？
4-19 材料价差由几种类型？各种类型的概念是什么？材料价差有几种计算方法？
4-20 某城市内一宾馆客房高级装饰工程，直接费为 2800000 元，其中人工费为 504000 元。结合本地区的费用定额及有关规定，计算该工程的装饰造价。

第五章 建筑装饰工程预算的编制

第一节 概 述

施工图预算是根据批准的施工图设计、现行的预算定额、单位估价表、施工组织设计文件以及各种费用定额等有关资料进行计算和编制的单位工程预算造价的文件。

施工图预算是拟建工程设计概算的具体化文件，也是单项工程综合预算的基础文件。它是以单位工程为对象编制的，因此，施工图预算也称作单位工程预算。

一、施工图预算的分类

施工图预算通常分为建筑工程预算和设备安装工程预算两大类。

（一）建筑工程预算

由于单位工程的性质、用途不同，建筑工程预算又可分为：

1．一般土建工程预算

一般土建工程包括：各种房屋及构筑物工程；铁路、公路及其附属构筑物工程；厂区围墙、大门、绿化及道路工程等。

2．高级建筑装饰工程预算

高级建筑装饰工程包括：室内外的建筑装饰、环境装饰、卫生洁具、家具、灯具等装饰。

3．卫生工程预算

卫生工程包括：室内外给水、排水管道工程；采暖通风（包括室外暖气管道）工程；室内外民用煤气管道工程；卫生工程中的附属构筑物工程；属于卫生工程中的有关设备（如水泵、锅炉）等。

4．工业管道工程预算

工业管道工程包括：生产用的蒸汽、煤气、氧气、压缩空气管道；生产用的给水、排水管道；各种燃料油、润滑油系统管道；以及其他工业管道工程。

5．特殊构筑物工程预算

特殊构筑物工程包括：各种工业设备基础和设备的金属结构支架；工业管道用的隧道或地沟以及管道的金属支架；各种工业炉的炉体、炉衬砌筑；设备的绝缘；涵洞、桥梁、栈桥、高架桥、储矿槽、烟囱和烟道，以及其他特殊构筑物工程。

6．电气照明工程预算

电气照明工程包括：室内电气照明；室外电气照明及其室外线路；电气照明的送电与配电设备安装（10kV 以下）等。

（二）设备安装工程预算

根据设备的性质和用途不同，设备安装工程预算又可分为：

1．机械设备安装工程预算

机械设备安装工程包括：各种工业生产设备及各种起重运输设备；各种动力设备，如锅炉、发电机、内燃机、蒸汽机等；各种工业用泵、通风和除尘设备；各种石油化工工艺设备；以及其他机械设备。

2．电气设备安装工程预算

电气设备安装工程包括：传动、吊车、起重控制设备；变电、整流装置及蓄电池；电缆、架空线路、防雷及接地装置、各种自动化装置及其控制设备；弱电系统及其控制设备，包括电话、通讯、广播及信号等；工业电炉及其控制设备；以及其他电气设备。

二、施工图预算的作用

（1）是确定建筑安装工程造价的具体文件。

（2）是对施工图设计进行技术经济分析，选择最佳设计方案的依据。

（3）是进行基本建设投资管理的具体文件，是国家控制基本建设投资和确定施工单位收入的依据。

（4）是签订工程合同，实行投资包干和招标承包制的重要依据。

（5）是建设银行拨付工程价款和实行财政监督的重要依据。

（6）是建设单位和施工单位结算费用的依据。

（7）是施工单位编制施工计划、进行施工准备和统计完成投资的依据。

（8）是供应和控制施工用料的依据。

（9）是施工企业加强经济核算和"两算"对比的依据。

三、施工图预算的编制依据

（1）经过批准的施工图纸和有关各类标准图集；

（2）建筑安装工程预算定额；

（3）地区单位估价表或单位估价汇总表及补充单位估价表；

（4）建筑安装工程费用定额及有关文件；

（5）地区工资标准、材料预算价格及机械台班预算价格表；

（6）施工组织设计或施工方案；

（7）批准的设计概算文件；

（8）预算工作手册和建筑材料手册；

（9）甲乙双方签订的工程合同或协议。

四、建筑装饰工程施工图预算的编制条件和程序

（一）施工图预算的编制条件

（1）施工图纸经过设计交底和会审后，由建设单位、施工单位和设计单位共同认可。

（2）施工单位编制的施工组织设计或施工方案，经过上级有关部门批准。

（3）建设单位和施工单位在材料、构件、设备等加工定货方面已有明确分工。

（二）施工图预算的编制程序

施工图预算一般可按下列程序进行编制：

1．编制施工图预算的准备阶段

（1）搜集编制施工图预算的有关文件资料；

（2）熟悉和会审施工图纸；

（3）熟悉预算定额（或单位估价表）和施工组织设计资料；

(4) 了解其他有关情况，如施工合同、概算文件、施工现场等。

2．编制施工图预算阶段

(1) 确定工程量计算项目；
(2) 计算各分项工程的工程量；
(3) 套用定额（或单位估价表），计算直接费；
(4) 进行工料分析和材料汇总；
(5) 计算各项费用，确定单位工程预算造价和技术经济指标；
(6) 编写预算说明；
(7) 填写封面、装订，并组织有关人员自审预算；
(8) 复写（印）施工图预算书，并报有关部门审批。

第二节 装饰工程量计算的基本原理

一、装饰工程量计算的意义

工程量是以物理计量单位或自然计量单位表示的各个具体工程和构配件的数量。物理计量单位，主要是指以公制度量表示的长度、面积、体积、重量等。如建筑面积、楼地面和墙面的抹灰面积、屋面面积等均以平方米为计量单位；木扶手、装饰线、管道线路的长度以米为计量单位；钢梁、钢柱、钢屋架的重量以吨为计量单位等等。自然计量单位，主要是指以物体自身为计量单位表示工程的数量。如门、窗、普通五金以樘为计量单位；消火栓以个为计量单位；设备安装工程以台、套、组、个、件等为计量单位。

工程量是编制工程概、预算的基础和重要的组成部分。工程造价是否正确，主要取决于工程量和工程单价这两个因素。因为直接费是以这两个因素相乘后汇总的结果，而直接费或人工费又是其他各项费用的计费基础。所以，工程量计算是否正确，直接影响工程概、预算造价的准确性。

工程量计算，对建设工程的各项管理工作也都有重要的作用。如编制基本建设计划、施工组织设计、施工作业计划、安排工程进度、组织资源（人力、物力、财力）供应、开展经济核算和统计工作以及财务管理等各方面都离不开工程量指标。

计算工程量是一项比较复杂而又细致的工作。任何粗心大意，都会造成计算上的错误，从而影响概、预算造价的准确性，造成人力、物力、财力上的浪费。

二、计算工程量的依据

1．施工图设计文件和有关标准图集

施工图和有关标准图集标明了拟建工程的工程内容、建筑物各部分组成、形状和尺寸、所用建筑材料和构造特点，这是工程量计算的基础。

2．施工组织设计文件

施工组织设计中规定的施工方法、材料及构件的加工和堆放地点、施工机械的选择等，是选套定额、确定计算方法的主要依据。

3．建筑装饰工程预算定额

预算定额提供了分部分项工程的项目、工程内容、计量单位、工程量计算规则、计算顺序及单位分项工程的消耗指标等。这是保证工程列项、准确计算工程量，合理选套定额的重要依据。

三、计算工程量的顺序

为了便于计算和审核工程量,避免漏算、重算、错算等,在计算工程量时,应按一定的顺序进行。

1. 不同分项工程的工程量计算顺序

对于建筑装饰工程的工程量计算,应合理安排各分部工程和各分项工程的工程量计算顺序。通常不同分项工程的工程量计算顺序有两种:

(1)按施工开展的先后顺序计算。按照施工开展的先后顺序计算工程量,即在施工过程中哪项分项工程先施工,就先计算该项的工程量。例如室内装饰工程,一般由顶棚装饰、墙面装饰、地面装饰等分项工程组成,则工程量的计算顺序应是:顶棚装饰→墙面装饰→地面装饰。

按照这种方法计算工程量,便于施工企业在施工中编制施工作业计划、签发施工任务单和限额领料单等。

(2)按预算定额排列的先后顺序计算。按预算定额排列的先后顺序计算工程量,即在计算工程量时,哪项分项工程在定额中排在前面,就先计算该项的工程量。

按照这种方法计算工程量,可以避免重算和漏算,这是目前常用的一种方法。

2. 同一分项工程的工程量计算顺序

在一个单位工程中,有一些相同的分项工程。例如内墙面装饰,有内纵墙、内横墙及其他内墙,如果采用相同材料装饰的,它们均属于同一分项工程。计算工程量时,对于这些内墙面装饰,都要逐墙计算工程量并汇

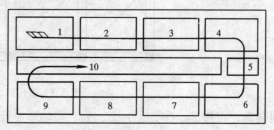

图 5-1 按顺时针方向计算

总。为了防止遗漏或重复计算,必须按照一定的顺序计算工程量。

对于同一分项工程的工程量计算,通常有以下五种计算顺序:

(1)按顺时针方向计算。这种计算顺序是从平面图的左上角开始向右进行,绕一周后回到左上角为止,如图 5-1 所示。

这种方法适用于外墙装饰、内墙装饰、地面装饰、顶棚装饰的工程量计算。

(2)按先横后竖,先左后右的顺序计算。这种计算顺序是指在平面图上,先横后竖、先上后下、先左后右,如图 5-2 所示。

这种方法适用于内墙装饰工程量计算。

(3)按图纸上构配件编号的顺序计算。在图纸上构配件均注明符号,如图 5-3 所示,计算构件装饰工程量时,按施工图上所示的编号,柱 Z_1、Z_2、Z_3、Z_4、L_1、L_2……、B_1、B_2……等顺序计算。

这种方法适用于计算柱、梁、板、门窗等装饰工程量。

(4)按图纸轴线编号的顺序计算。对于结构较复杂的工程,仅按上述顺序还可能发生重复和遗漏。为了便于计算和审核,还应按设计图纸的轴线编号顺序,从左往右及从上往下进行计算。如图 5-4 所示,外墙面装饰,可按①、⑥、Ⓐ、Ⓓ轴顺序计算工程量;内墙

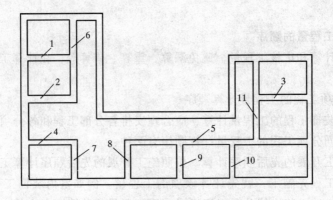

图 5-2 按先横后竖计算

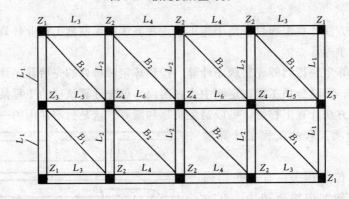

图 5-3 按构件编号计算

面装饰,可按②、③、④、⑤、Ⓑ、Ⓒ轴顺序计算工程量。

(5) 按建筑设计对称规律及单元个数计算。

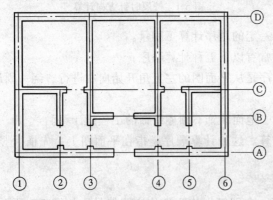

图 5-4 按轴线编号计算

对于由若干个单元组合的住宅工程,只要计算一个或两个单元的工程量,然后乘以相同单元的个数,把各相同单元的工程量汇总,即得该住宅的工程量。

按这种方法计算时,要注意端部屋面工程量需另行补加,并要注意公共轴线不能重复,端部轴线也不要漏掉,计算时可灵活处理。

运用上述各种顺序计算工程量时,可根据工程量的繁简程度和计算技巧等不同情况,灵活掌握和使用。

四、计算装饰工程量应注意的事项

1. 要熟悉和审核施工图设计文件

工程量是按每一分部分项工程,根据施工图纸进行计算的。因此,计算工程量必须在熟悉和审核施工图纸的基础上,严格按照预算定额规定的工程量计算规则,以施工图纸所注的位置及尺寸为依据进行计算，不能随意加大或缩小构件的尺寸，以免影响工程量的准确性。

2．要熟记预算定额的说明及工程量计算规则

在计算工程量之前，必须对定额的说明及工程量计算规则要熟悉、理解，尤其对于常用项目更应牢记，这样才能保证工程量计算的准确性。

3．要采用表格形式计算工程量

在工程量计算表（见表5-1）中应列出计算公式。在写计算式时，必须部位清楚，注明计算装饰的所在位置。但工程量计算式要简单明确，以便审核校对。

工 程 量 计 算 表　　　　　　　　　　　表 5-1

序　号	定额编号	分项工程名称	计　算　式	单位	工程量

4．工程量计量单位，应以定额的计量单位为准

在工程量计算表中，直接将工程量换算成与定额的单位一致。这样在编制预算表和工料分析表时，可避免易于发生的与定额单位不统一的错误现象，从而保证预算编制的质量和准确性。

5．计算工程量时，填写尺寸的程序应统一

计算式中的各组成因素排列程序应该统一，如计算面积应为：长×宽；计算体积应为：长×宽（或厚）×高。每一个计算项目，都应按照统一的程序进行排列，以便进行审核。

6．工程量的计算精度

在工程量计算过程中，每一个计算式的结果通常按四舍五入法保留三位小数，在汇总一个分项工程的工程量时，除粉刷工程可以取整数外，其他工程一般以小数点后两位为准，但金属结构应取到小数点后三位。

7．应按照一定的顺序计算工程量，以防止重复和漏算项目。

8．要注意各个项目之间的尺寸关系

为了尽量减少重复劳动，简化计算过程，在计算工程量时，要注意各个有关项目之间尺寸的关系。如墙面与门窗、地面与顶棚等之间的尺寸关系，并要注意哪些是可以重复利用的数据。因此，应先计算工程的建筑面积、门窗面积、外墙外边线长度、内墙净长等工程量基数，从而为有关装饰项目计算工程量提供必要的依据。

9．要结合图纸尽量做到结构按楼层、内装修按楼层分房间、外装修分立面计算；或按施工方案的要求分段计算；也可按使用材料不同分别进行计算。这样，在计算工程量时既可避免漏项，又可为进行工料分析和安排施工进度计划提供依据。

10．工程量计算完毕，必须进行复核，检查其项目、算式、数字及小数点等，有否错误和遗漏。

第三节 建筑面积计算

一、建筑面积计算的意义

建筑面积是指建筑物的各楼层水平投影面积的总和。它是反映建筑物规模的大小和建筑物技术特征的一项重要指标。

建筑面积是评价设计方案技术经济效果的重要指标。在评价拟建工程的设计方案时，一般都要根据建筑面积计算的技术经济指标与同类结构性质的工程相互比较其技术经济效果。例如，以建筑面积与占地面积之比计算的土地利用系数，可反映所占土地的有效利用情况；以工程造价与建筑面积之比计算的每平方米造价（单方造价）；以工程的总用工量或某种材料消耗量与建筑面积之比计算的每平方米用工量或每平方米某种材料用量等。

建筑面积是编制工程概、预算的主要依据。在编制工程的初步设计概算时，要根据设计图纸计算的建筑面积和所表明的结构特征，查找相应的概算指标编制概算。在编制施工图预算时，建筑面积与某些分项工程量的计算有密切关系。如正确计算建筑面积，有利于正确计算建筑物的场地平整、楼地面、顶棚装饰等项目的工程量。

建筑面积是计划和统计工作的重要依据。在反映基本建设计划目标、统计和核算其实现的程度以及评价施工企业管理效果时，建筑面积就是主要指标之一。例如，计划面积、竣工面积、在建面积等指标。

建筑面积是国家控制基本建设规格的重要指标之一，也是国家控制建筑标准的重要指标。

二、计算建筑面积的范围和方法

（1）单层建筑物不论其高度如何均按一层计算，其建筑面积按建筑物外墙勒脚以上的外围水平面积计算。单层建筑物内如有部分楼层者（不包括首层），亦计算建筑面积，如图5-5所示，其建筑面积计算公式如下：

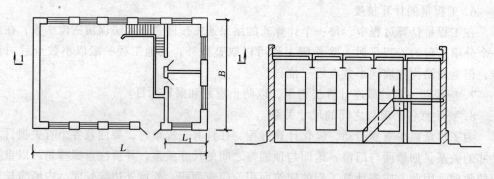

图5-5 单层建筑物部分有楼层　　　　1-1剖面图

$$S = L \cdot B + L_1 \cdot B$$

式中　S——建筑物的建筑面积；
　　　L——两端山墙勒脚以上外表面间水平距离；
　　　B——两端纵墙勒脚以上外表面间水平距离；
　　　L_1——外山墙勒脚以上至内横墙外表面间的水平距离。

(2) 高低联跨的单层建筑物，如需分别计算建筑面积时，应以结构外边线为界分别计算（其中高跨部分以高跨柱外围尺寸来计算建筑面积），如图5-6、图5-7所示。

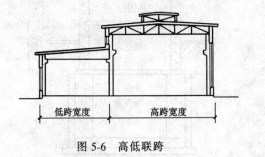

图5-6 高低联跨

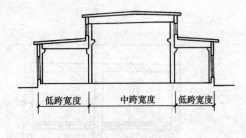

图5-7 高低联跨中跨在中间

(3) 多层建筑物按各层建筑面积总和计算。其首层按建筑物外墙勒脚以上外围水平面积计算，二层及二层以上按外墙外围水平面积计算，如图5-8所示。

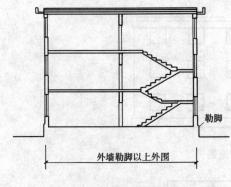

图5-8 多层建筑物

对于各种幕墙装饰，算至主体结构外边线，其挑出部分不计算建筑面积。

(4) 地下室、半地下室、地下车间、仓库、商店、地下指挥部等及相应出入口的建筑面积，按其上口外墙（不包括采光井、防潮层及其保护墙）外围水平面积计算，如图5-9所示的建筑面积为 $a \times L$（L—地下室外墙外边线长）。

对于地下人防主、支干线的建筑面积，按人防工程有关规定执行。

(5) 建于坡地的建筑物利用吊脚空间设置

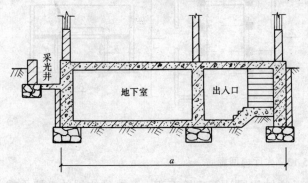
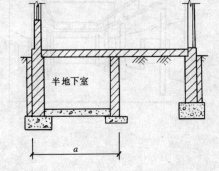

图5-9 地下建筑物

架空层和深基础地下架空层加以利用时，其层高超过2.2m的，按围护结构（不包括装饰层）外围水平面积计算建筑面积，如图5-10、5-11所示。

(6) 穿过建筑物的通道（图5-12）、建筑物内的门厅、大厅，不论其高度如何，均按一层计算建筑面积。门厅、大厅内回廊部分按其自然层水平投影面积计算建筑面积。图5-13所示的建筑面积为：大厅，$a \times L$；二层回廊，$(a + L - 2b) \times 2 \times b$。

(7) 室内的楼梯间（包括大厅多层平台楼梯或旋转楼梯）、电梯井、提物井、垃圾道、管道井等，均按建筑物自然层计算建筑面积，如图5-14所示。

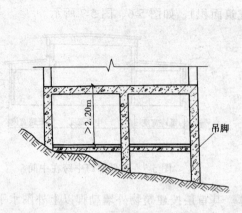
图 5-10 利用吊脚做架空层

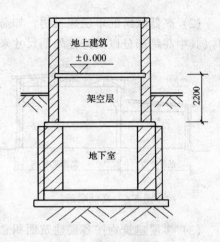
图 5-11 地下架空层

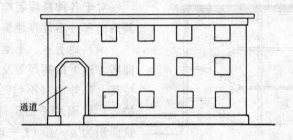
图 5-12 建筑物通道

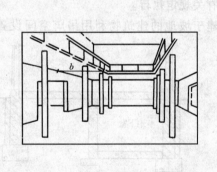
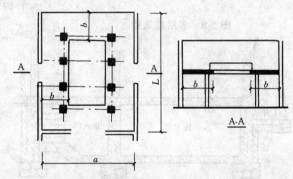

图 5-13 大厅内回廊

（8）书库、立体仓库设有结构层的，按结构层计算建筑面积；没有结构层的，按承重书架层或货架层计算建筑面积，如图 5-15 所示。

（9）有围护结构的舞台灯光控制室，按其围护结构外围水平面积乘以层数计算建筑面积，如图 5-16 所示。

（10）建筑物内设备管道层、贮藏室，其层高超过 2.2m 时，应计算建筑面积。管道层层高不超过 2.2m，但从中分隔出来做办公室、仓库等，应按分隔出来的使用部分外围水平面积计算建筑面积，如图 5-17 所示。

（11）有柱的雨篷、车棚、货棚、站台等，按柱外围水平面积计算建筑面积；独立柱的雨篷、单排柱的车棚、货棚、站台等，按其顶盖水平投影面积的一半计算建筑面积。如

图 5-18 的建筑面积为 $a \times b$、图 5-19（a）的建筑面积为 $\dfrac{a \times L}{2}$（L——棚长），图 5-19（b）的建筑面积为 $a \times L$（L——两柱端外边长）。

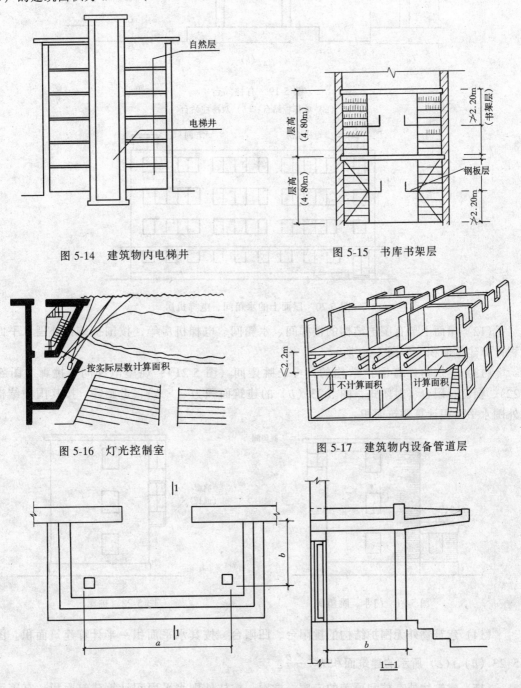

图 5-14 建筑物内电梯井　　图 5-15 书库书架层

图 5-16 灯光控制室　　图 5-17 建筑物内设备管道层

图 5-18 有柱雨篷

若双排柱车棚、站台等计算柱的外围水平面积小于顶盖水平投影面积一半时，按其顶盖水平投影面积的一半计算建筑面积。

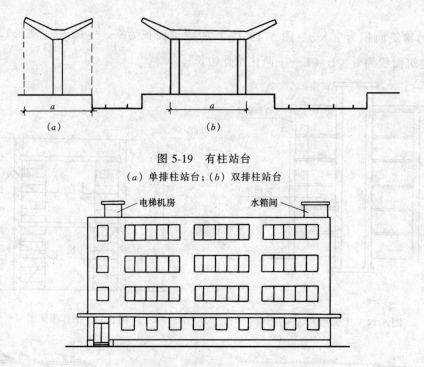

图 5-19 有柱站台
(a) 单排柱站台；(b) 双排柱站台

图 5-20 屋面上的水箱间、电梯机房

（12）屋面上部有围护结构的楼梯间、水箱间、电梯机房等，按围护结构外围水平面积计算建筑面积，如图 5-20 所示。

（13）建筑物外有围护结构的门斗、眺望间（图 5-21）、观望电梯间、挑廊（图 5-22）、橱窗、阳台（封闭式，图 5-23（b）的建筑面积为 $a \times b$）、走廊等，按其围护结构外围水平面积计算建筑面积。

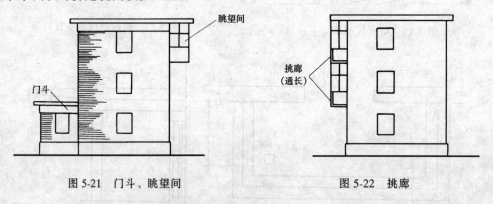

图 5-21 门斗、眺望间　　　　　图 5-22 挑廊

（14）建筑物外无围护结构的挑阳台、凹阳台，按其水平面积一半计算建筑面积。图 5-23（a）、(c) 所示的建筑面积为 $\dfrac{a \times b}{2}$。

（15）建筑物外有柱和顶盖的走廊、檐廊，按柱外围水平面积计算建筑面积；有盖无柱的走廊、檐廊挑出墙外宽度在 1.5m（含 1.5m）以上时，按其顶盖投影面积一半计算建筑面积，如图 5-24 所示。

建筑物间有顶盖的架空走廊，按其顶盖水平投影面积计算建筑面积；无顶盖的架空走

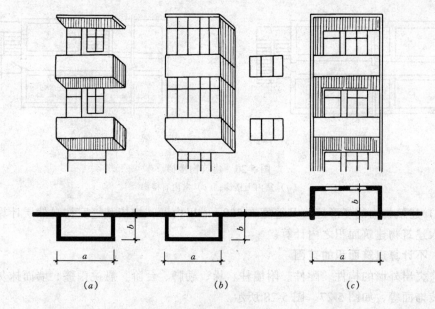

图 5-23 阳台
(a) 敞开式挑阳台；(b) 封闭式挑阳台；(c) 敞开式凹阳台

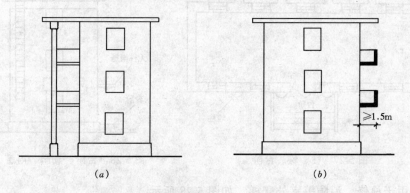

图 5-24 走廊、檐廊
(a) 有柱和顶盖走廊、檐廊；(b) 有盖无柱走廊、檐廊

廊，按其水平投影面积一半计算建筑面积，如图 5-25 所示。

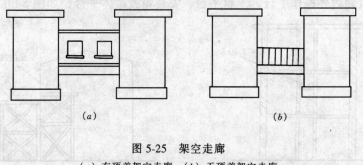

图 5-25 架空走廊
(a) 有顶盖架空走廊；(b) 无顶盖架空走廊

（16）无论室内是否有楼梯，对于室外楼梯按自然层投影面积之和计算建筑面积，如图 5-26 所示。

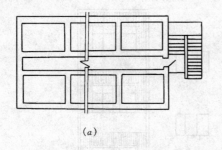 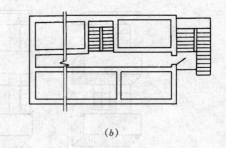

图 5-26 建筑物楼梯
(a) 室内无楼梯；(b) 室内有楼梯

(17) 建筑物内的变形缝，凡缝宽在 300mm 以内者，均依其缝宽按自然层计算建筑面积，并入建筑物建筑面积之内计算。

三、不计算建筑面积的范围

(1) 突出外墙的构件、配件、附墙柱、垛、勒脚、台阶、悬挑雨篷、墙面抹灰、镶贴块材、装饰面等，如图 5-27、图 5-28 所示。

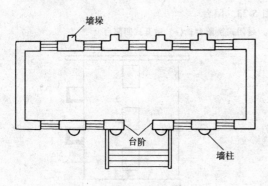 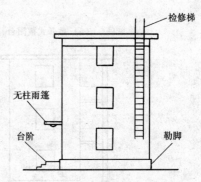

图 5-27 柱、垛、台阶　　　　图 5-28 台阶、勒脚、雨篷、钢梯

(2) 用于检修、消防等室外爬梯，如图 5-28 所示。

(3) 层高 2.2m 以内设备管道层（图 5-29）、贮藏室、设计不利用的深基础架空层及坡地吊脚架空层。

(4) 建筑物内外操作平台、上料平台、安装箱或罐体平台，如图 5-30 所示。

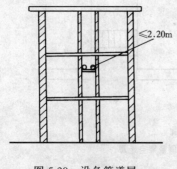 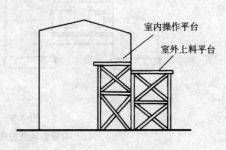

图 5-29 设备管道层　　　　图 5-30 操作和上料平台

(5) 没有围护结构的屋顶水箱、花架、凉棚等。

(6) 独立烟囱、烟道、地沟、油（水）罐、气柜、水塔、贮油（水）池、贮仓、栈桥、地下人防通道等构筑物。

(7) 单层建筑物内分隔单层房间（如操作间、控制室等）、舞台及后台悬挂的幕布、布景天桥、挑台，如图 5-31、图 5-32 所示。

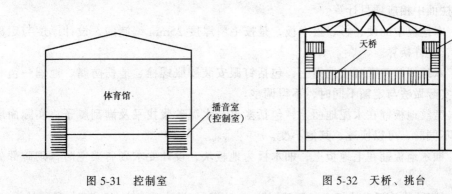

图 5-31　控制室　　　　　　　　　图 5-32　天桥、挑台

(8) 建筑物内宽度大于 300mm 的变形缝。

(9) 同一建筑物有高低层的，高层利用低层的屋面作为通道的，通道部分不计算建筑面积。

第四节　装饰工程量计算

一、楼地面工程

(一) 楼地面工程有关规定

(1) 水泥砂浆、水泥石子浆、混凝土等的配合比，如设计规定与定额不同时，可以换算。

(2) 在楼地面工程中，包括了面层与基层间刷素水泥浆一道所用工料，不得另行计算。

(3) 整体面层、块料面层中的楼地面项目，均不包括踢脚板工料；楼梯不包括踢脚板、侧面及底面抹灰，应另列项目并套取相应定额。

(4) 踢脚线（板）高度是按 150mm 编制的。超过时材料用量允许调整，人工、机械用量不变。

(5) 块料面层的定额项目中不包括砂浆找平层，设计规定需要找平时，按定额找平层相应项目另行计算。

(6) 水磨石嵌铜条定额项目，如设计要求采用其他金属嵌条时，其嵌条可以换算，其他不变。水磨石嵌条面层，定额是按嵌玻璃条考虑的，如设计采用嵌铜条时，可按不嵌条项目和安装嵌铜条项目分别计算。

(7) 整体水磨石地面中的白石子浆需要加色时，每 100m^2 增加色粉 6kg，其他不变。设计要求用彩色石子或大理石子时，可按定额的配合比表换算，其他不变。

(8) 菱苦土地面，现浇水磨石定额项目已包括酸洗打蜡工料，其余项目均不包括酸洗打蜡。

(9) 扶手、栏杆、栏板适用于楼梯、走廊、回廊及其他装饰性栏杆、栏板。扶手不包括弯头制作安装,弯头另列项目进行计算。

(10) 台阶不包括牵边、侧面装饰。

(11) 定额中的"零星装饰"项目,适用于小便池、蹲位、池槽等。定额未列的项目,可按墙、柱面中相应项目计算。

(12) 木地板中的硬、杉、松木板,是按毛料厚度25mm编制的,设计厚度与定额厚度不同时,允许换算。

(13) 木地楞铺在混凝土地面上,包括钉眼安装膨胀螺栓、地楞防腐、地铺一毡一油防潮层,实际做法与定额不同时,不得调整。

(14) 席纹地板铺在水泥地面上,包括凿毛、水泥砂浆找平及满刮腻子,实际面层材料与定额不同时,可以换算,其他不变。

(15) 柚木地板铺在毛地板上,柚木板为地板块,设计要求砌砖架空时,砌砖部分另行计算。

(16) 铝质、木质活动地板未包括基层防水、防潮层,设计要求防水防潮时,另行计算。

(二) 楼地面工程量计算方法

1. 楼地面面层

(1) 整体面层

楼地面整体面层的工程量均按主墙间净空面积以平方米计算。应扣除凸出地面的构筑物、设备基础、室内管道、地沟等所占面积,不扣除柱、垛、间壁墙、附墙烟囱以及面积在0.3m²以内孔洞所占面积,但门洞、空圈、暖气包槽、壁龛的开口部分亦不增加。上述主墙是指大于180mm(包括180mm本身)的砖墙、砌块墙或超过100mm以上(包括100mm本身)的钢筋混凝土剪刀墙,对于不符合上述尺寸要求的其他非承重的间壁墙都不是主墙。其计算公式如下:

$$S = A \times B - S_0$$

式中 S ——整体面层工程量,m²;

A、B——分别指主墙间的净长和净宽,m;

S_0——应扣除面积,包括凸出地面的构筑物、设备基础、室内管道、地沟等所占面积,m²。

对于不同面层材料、面层厚度,是否分格或嵌条,均应分别计算工程量。

(2) 块料面层

块料面层按图示尺寸实铺面积以平方米计算。门洞、空圈、暖气包槽和壁龛的开口部分的工程量,并入相应的面层工程量内计算。

2. 地面垫层

地面垫层按室内主墙间净空面积乘以设计厚度,以立方米计算。应扣除凸出地面的构筑物、设备基础、室内管道、地沟等所占面积,不扣除柱、垛、间壁墙、附墙烟囱及面积在0.3m²以内孔洞所占体积。

3. 地面找平层

地面找平层的工程量,同地面面层。

4. 楼梯面层

楼梯面层（包括踏步、平台以及小于500mm宽的楼梯井），其工程量按水平投影面积以平方米计算。如图5-33所示。

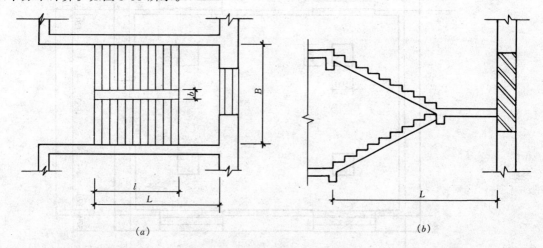

图 5-33 楼梯示意图
(a) 平面；(b) 剖面

当 $b>500\text{mm}$ 时　　　$S = (L \times B - l \times b) \times (n - 1)$

当 $b \leqslant 500\text{mm}$ 时　　　$S = L \times B \times (n - 1)$

式中　L——楼梯间长度；

　　　B——楼梯间宽度；

　　　l——楼梯井长度；

　　　b——楼梯井宽度；

　　　n——有楼梯间的建筑物层数，且楼梯不出屋面。

5．台阶面层

台阶面层（包括踏步及最上一层踏步沿300mm），其工程量按水平投影面积以平方米计算。

6．踢脚板

各种踢脚板均按延长米计算，洞口、空圈长度不予扣除，洞口、空圈、垛、附墙烟囱等侧壁长度亦不增加。

7．散水面层

散水面层工程量按图示尺寸以平方米计算。其计算公式为：

散水面积＝（外墙外边线周长＋散水宽度×4－台阶长度）×散水宽度

8．防滑坡道面层

防滑坡道面层工程量按图示尺寸以平方米计算。

9．栏杆、扶手包括弯头的工程量，按长度以延长米计算。

10．楼梯踏步的防滑条工程量，按踏步两端距离减300mm以延长米计算。

【例5-1】　计算图5-34所示房间地面贴400mm×400mm地砖的工程量。已知：暖气包槽尺寸为1500mm×120mm×850mm，门与墙外边线齐平，柱子尺寸为500mm×500mm。

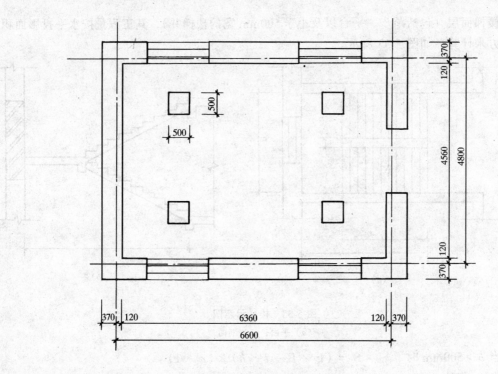

图 5-34 某房间地面平面图

【解】 地面贴 400mm×400mm 地砖的工程量为：

S = 地面面积 - 柱所占的面积 + 暖气包槽开口部分的面积 + 门开口部分面积

$= (6.6-0.12\times2) \times (4.8-0.12\times2) - 0.5\times0.5\times4$
   $+ 1.5\times0.12\times4 + 1.5\times0.49$

$= 6.36\times4.56 - 1 + 0.72 + 0.735$

$= 29.46 \text{ (m}^2\text{)}$

【例 5-2】 计算图 5-35 所示某 6 层建筑物楼梯贴花岗石面层的工程量。

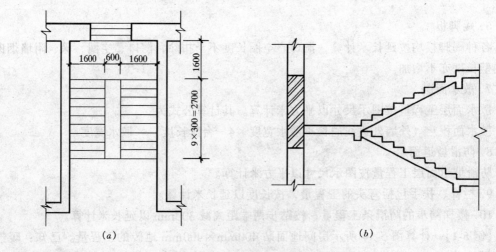

图 5-35 某 6 层建筑物楼梯示意图
(a) 平面；(b) 剖面

【解】 因楼梯井宽度 $b=600$mm 大于 500mm 所以楼梯贴花岗石面层的工程量为：

$$S = (L \times B - l \times b) \times (n-1)$$
$$= [(1.6+2.7) \times (1.6 \times 2 + 0.6) - 2.7 \times 0.6] \times (6-1)$$
$$= (4.3 \times 3.8 - 2.7 \times 0.6) \times 5$$
$$= 73.60 (m^2)$$

【例 5-3】 图 5-36 为某建筑物入口处台阶平面图，台阶贴花岗石，计算台阶面层工程量。

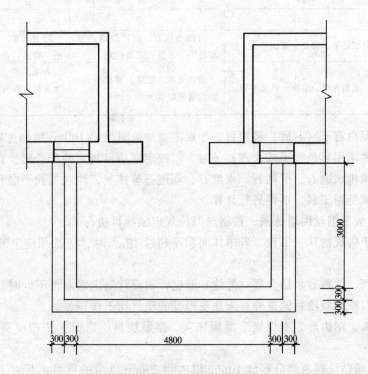

图 5-36 某建筑物入口台阶平面图

【解】 台阶贴花岗石面层的工程量为：

$$S_1 = (4.8 + 0.3 \times 4) \times 0.3 \times 3 + (3-0.3) \times 0.3 \times 3 \times 2 = 10.26 \text{ (m}^2\text{)}$$

平台贴花岗石面层的工程量为（平台部分按地面考虑）：

$$S_2 = (4.8 - 0.3 \times 2)(3 - 0.3) = 11.34 \text{ (m}^2\text{)}$$

【例 5-4】 计算图 5-34 所示房间镶贴大理石踢脚板的工程量，柱子处均镶贴大理石踢脚板。

【解】 镶贴大理石踢脚板工程量为：

$$L = [(6.6-0.24) + (4.8-0.24)] \times 2 + 0.5 \times 4 \times 4 = 29.84 \text{ (m)}$$

二、墙、柱面工程

（一）墙、柱面工程有关规定

（1）定额中凡注明了砂浆种类和配合比、饰面材料型号规格（含型材），如与设计不同时，可按设计规定调整，但人工和机械数量不变。

（2）内墙抹石灰砂浆分抹两遍、三遍、四遍，其标准如下：
1）两遍：一遍底层、一遍面层；
2）三遍：一遍底层、一遍中层、一遍面层；
3）四遍：一遍底层、一遍中层、两遍面层。
（3）抹灰等级与抹灰遍数、厚度、工序、外观质量的对应关系，见表 5-2。

抹灰等级与抹灰遍数、厚度、工序、外观质量对应表　　　表 5-2

名　称	普通抹灰	中级抹灰	高级抹灰
遍数	两遍	三遍	四遍
厚度（mm）	≤18	≤20	≤25
主要工序	分层赶平、修整，表面压光	阴阳角找方，设置标筋，分层赶平、修整，表面压光	阳角找方，设置标筋，分层赶平、修整，表面压光
外观质量	表面光滑、洁净、接搓平整	表面光滑、洁净、接搓平整，灰线清晰顺直	表面光滑、洁净、颜色均匀，无抹纹，灰线平直方正，清晰美观

（4）水泥白石子（石屑）浆项目，如果需要加色时，每 $100m^2$ 增加色粉 6kg，其他不变。若设计要求用彩色石子或大理石子时，可按定额项目规定的配合比换算。

（5）定额中水刷石、干粘石、水磨石、剁假石等抹灰，均包括找平层和面层与基层间刷一遍水泥浆所用工料，不得另行计算。

（6）PC 板带钢丝网墙抹灰，按钢丝网抹灰定额项目执行。

（7）对于构筑物抹灰工程，若单体面积不超过 $10m^2$ 时，应按相应定额项目的人工乘以系数 1.25。

（8）抹灰、块料砂浆结合层（灌缝）厚度，如设计与定额取值不同时，除定额项目中注明厚度可以按相应项目调整外，未注明厚度的项目均不作调整。

（9）圆弧、锯齿形、不规则形墙面抹灰，镶贴块料、饰面，按相应项目人工乘 1.15 系数计算。

（10）外墙贴块料灰缝分密缝 10mm 以内和 20mm 以内的项目，其人工、材料已综合考虑。如灰缝超过 20mm 以上者，其块料及灰缝材料用量允许调整，其他不变。

（11）定额中木材种类除注明者外，均以一、二类木种为准，如采用三、四类木种，其人工及木工机械乘以系数 1.3。

（12）隔墙（间壁）、隔断、墙面、墙裙等采用的木龙骨与设计图纸规格不同时，可按附表换算（木龙骨均以毛料计算）。

（13）饰面、隔墙（间壁）、隔断定额内，均未包括有压条、下部收边、装饰线（板），如设计要求者，应按"其他工程"相应定额计算。

（14）饰面、隔墙（间壁）、隔断定额内木基层均未包括刷防火漆，如设计要求者，应按相应定额计算。

（15）幕墙、隔墙（间壁）、隔断所用的轻钢、铝合金龙骨，如设计要求与定额用量不同时，允许按设计调整，但人工不变。

（16）块料镶贴和装饰抹灰工程的"零星项目"适用于挑檐、天沟、腰线、窗台线、门窗套、压顶、栏杆栏板、扶手、遮阳板、池槽、阳台、雨篷周边等。

（17）一般抹灰工程的"零星项目"适用于各种壁柜、碗柜、过人洞、暖气壁龛、池槽、花台以及 1m² 以内的其他各种零星抹灰。抹灰工程的装饰线条适用于门窗套、挑檐、遮阳板、楼梯边梁、宣传栏边框等突出墙面或灰面展开宽度在 300mm 以内的竖、横线条抹灰。

（18）墙、柱面装饰工程项目均包括 3.6m 以下简易脚手架的搭设及拆除。

（二）墙、柱面工程量计算方法

1．内墙面一般抹灰

（1）内墙面抹灰工程量按内墙面长度乘以内墙面的抹灰高度以平方米计算，应扣除门窗洞口和空圈所占的面积，不扣除踢脚板、挂镜线、0.3m² 以内的孔洞和墙与构件交接处的面积，洞口侧壁和顶面亦不增加。墙垛和附墙烟囱侧壁面积与内墙面抹灰工程量合并计算。

$$S = L_{内} \times h \pm M_1$$

式中　S——内墙面抹灰工程量，m²；

$L_{内}$——内墙抹灰长度，以主墙间图示净长尺寸（m）计算；

h——内墙抹灰高度（m），根据以下具体情况确定：

1）内墙面抹灰无墙裙的，其高度按室内地面或楼板面至顶棚底面之间的距离计算，如图 5-37（a）所示。

2）内墙面抹灰有墙裙的，其高度按墙裙顶点至顶棚底面之间距离计算，如图 5-37（b）所示。

3）钉板条顶棚的内墙抹灰，其高度按室内地面或楼面至顶棚底面之间距离另加 100mm 计算，如图 5-37（c）所示。

M_1——应扣除（或并入）的面积。内墙抹灰应扣除门窗洞口和空圈所占面积；墙垛、附墙烟囱侧壁面积并入内墙面抹灰面积内。

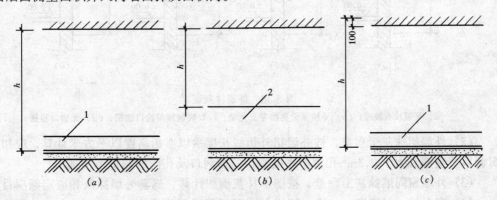

图 5-37　内墙抹灰高度
1—踢脚线；2—墙裙

（2）内墙裙抹灰的工程量，按内墙间净长乘以墙裙高度以平方米计算。应扣除门窗洞口和空圈所占的面积，门窗洞口和空圈的侧壁面积不另增加，但附墙垛、附墙烟囱的侧壁面积均应并入墙裙内计算。

（3）砖墙中的钢筋混凝土梁、柱等抹灰，应并入墙面抹灰工程量内。

(4) 内墙装饰线,按图示尺寸净长计算工程量。

2. 外墙面一般抹灰

(1) 外墙面抹灰工程量,按外墙面的垂直投影面积以平方米计算。应扣除门窗洞口、外墙裙和大于 0.3m² 孔洞所占面积,洞口的侧壁面积不增加。附墙垛、梁、柱的侧面的抹灰面积并入外墙面的抹灰工程量内计算。栏板、栏杆、窗台线、门窗套、扶手压顶、挑檐、遮阳板、凸出墙外的腰线等,另按相应规定计算。

$$S = L_{外} \times H \pm M_2$$

式中 S——外墙抹灰工程量,m²;

$L_{外}$——外墙外边线总长,m;

H——外墙抹灰的高度以室外设计地坪为起点,若有墙裙以墙裙顶面为起点,其上部顶点可按下述情况确定:

1) 平屋顶有挑檐(天沟)者,算至挑檐板底面,如图 5-38(a)所示;
2) 平屋顶无挑檐天沟,带女儿墙者,算至女儿墙压顶底面,如图 5-38(b)所示;
3) 坡屋顶带檐口顶棚的,算至檐口顶棚底面,如图 5-38(c)所示;
4) 坡屋顶无檐口顶棚的,算至屋面板下皮,如图 5-38(d)所示。

M_2——应扣除(或并入)的面积。应扣除门窗洞口、外墙裙及 0.3m² 以上孔洞所占面积,洞口侧壁面积不另增加。附墙垛、梁、柱侧面抹灰面积并入外墙面抹灰工程量内。

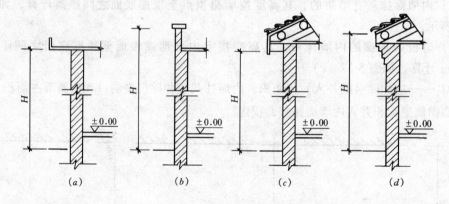

图 5-38 外墙抹灰高度

(a)平屋顶有挑檐;(b)平屋顶无挑檐带女儿墙;(c)坡屋顶带檐口顶棚;(d)无檐口顶棚

(2) 外墙裙抹灰工程量,按外墙裙外边线长度乘以墙裙高度以平方米计算,应扣除门窗洞口、空圈和大于 0.3m² 孔洞所占面积,门窗洞口及孔洞的侧壁不增加。

(3) 外墙窗间墙抹灰工程量,按图示抹灰面积计算,选套外墙抹灰相应定额项目。

(4) 窗台线、门窗套、挑檐、腰线、遮阳板等展开宽度在 300mm 以内者,按装饰线以延长米计算;如展开宽度超过 300mm 时,按图示尺寸展开面积以平方米计算,执行零星抹灰定额项目。

(5) 栏板、栏杆(包括立柱、扶手或压顶)抹灰工程量,按垂直投影面积乘以系数 2.2 以平方米计算。

(6) 阳台底面抹灰工程量,按水平投影面积以平方米计算,并入相应顶棚抹灰面积内。阳台如带悬臂梁者,其工程量应再乘以系数 1.3。

(7) 雨篷底面或顶面抹灰工程量，分别按水平投影面积以平方米计算，并入相应的顶棚抹灰面积内。雨篷顶面带反沿或反梁者，其工程量应乘系数1.20，底面带悬臂梁者，其工程量应乘以系数1.20。雨篷外边线执行相应装饰定额或零星项目定额。

(8) 墙面勾缝工程量，按垂直投影面积以平方米计算。应扣除墙裙和墙面抹灰的面积，不扣除门窗洞口、门窗套、腰线等零星抹灰所占面积，附墙柱和门窗洞口侧面的勾缝面积亦不增加。独立柱、房上烟囱勾缝面积按图示尺寸以平方米计算。

3. 外墙装饰抹灰

外墙装饰抹灰包括水刷石、干粘石、斩假石、水磨石、拉毛灰和甩毛灰等项目。

(1) 外墙各种装饰抹灰工程量，均按图示尺寸实抹面积以平方米计算。应扣除门窗洞口、空圈所占面积，其侧壁面积不另增加。

(2) 挑檐、天沟、腰线、栏杆、栏板、门窗套、窗台线、压顶等装饰抹灰的工程量，均按图示尺寸展开面积以平方米计算，并入相应的外墙面装饰抹灰面积内。

4. 墙面贴块料面层

(1) 墙面镶贴块料面层工程量，按图示尺寸实贴面积以平方米计算。

(2) 墙裙镶贴块料面层工程量，以高度在1500mm以内为准；超过1500mm时，按墙面镶贴块料面层计算；高度在300mm以内时，按踢脚板镶贴块料面层计算。

5. 独立柱装饰

(1) 独立柱一般抹灰、装饰抹灰工程量，按结构断面周长乘以柱的高度，以平方米计算。

(2) 独立柱镶贴块料装饰工程量，按柱外围饰面尺寸乘以柱的高度，以平方米计算。

6. 零星项目装饰

零星项目是指单件装饰面积较少，并在定额中未列具体名称的项目。零星项目的一般抹灰、装饰抹灰及镶贴块料装饰，均按图示尺寸展开面积以平方米计算。

7. 墙面其他装饰

(1) 木隔墙、墙裙和护壁板工程量，均以图示尺寸长度乘以高度，按实铺面积以平方米计算。

(2) 玻璃隔墙的工程量，按上横档顶面至下横档底面之间的高度乘以两边立挺外边线之间的宽度，以平方米计算。

(3) 浴厕木隔断工程量，按下横档底面至上横档顶面之间高度乘以图示隔断长度以平方米计算。隔断上的门扇面积并入隔断面积之内。

(4) 铝合金、轻钢隔墙、幕墙的工程量，按四周框外围面积以平方米计算。

【例5-5】 某建筑物钢筋混凝土柱10根，构造如图5-39所示，若钢筋混凝土柱面挂贴花岗岩面层，计算其工程量。

【解】 钢筋混凝土柱贴花岗岩工程量为：

$$S = 0.64 \times 4 \times 3.2 \times 10 = 81.92 \text{ (m}^2\text{)}$$

【例5-6】 图5-40为某学院卫生间平面布置图，计算图5-41卫生间 A 墙面贴200mm×300mm瓷砖的工程量。

【解】 A 墙面贴200mm×300mm瓷砖工程量为：

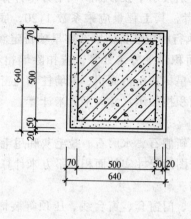
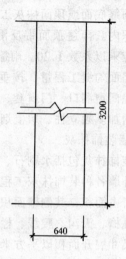

图 5-39 钢筋混凝土柱挂贴花岗岩板断面图

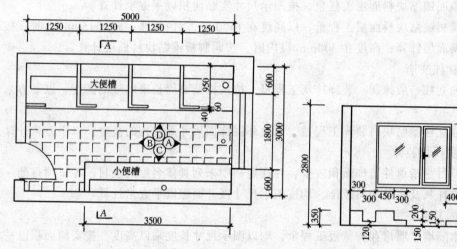

图 5-40 男寝卫生间平面布置图　　图 5-41 男寝卫生间 A 立面图

图注：1. 窗尺寸 1800mm（宽）×1500mm（高）；
　　　2. 卫生间层高 $h = 2800$mm；
　　　3. 门尺寸 900mm（宽）×2000mm（高）；
　　　4. 窗垛贴瓷砖宽度 $b = 300$mm。

$S = 3 \times 2.8 -$ 窗 $1.8 \times 1.5 +$ 窗垛 $0.3 \times (1.8 + 1.5) \times 2 -$ 大便槽 $(0.3 \times 0.35 +$
　　$0.3 \times 0.12 + 0.45 \times 0.35 + 0.3 \times 0.15) -$ 小便槽 $(0.4 \times 0.15 + 0.3 \times 0.03)$
　　$= 7.27$（m²）

【例 5-7】 计算图 5-42 所示会议室墙面装饰的工程量，柱饰面尺寸如图 5-43 所示。

【解】　（1）轻钢龙骨封墙：$S = 6.71 \times 2.7 + (0.2 \times 3 + 1) \times 2.7 \times 2 = 26.76$（m²）

（2）石膏板面层封墙：$S = 6.71 \times 2.7 = 18.12$（m²）

（3）龙骨上钉中密度板基层：$S = (0.2 \times 3 + 1) \times 2.7 \times 2 = 8.64$（m²）

（4）榉木板面层造型墙：$S = (0.2 \times 3 + 1) \times 2.7 \times 2 = 8.64$（m²）

（5）软包墙面：$S = 4.31 \times 2.7 = 11.64$（m²）

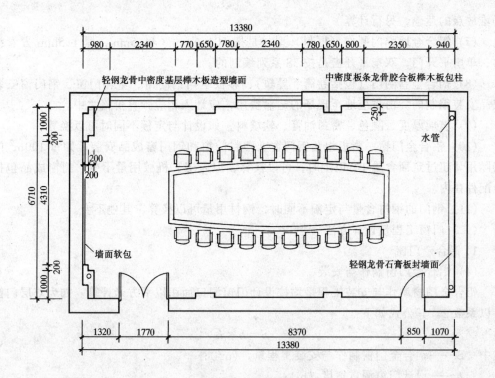

图 5-42 会议室平面图

图注：会议室房间墙、柱面装饰高度 $h=2700$ mm

(6) 中密度板龙骨立柱：$S=(0.65+0.25\times2)\times2.7\times4=12.42$（m²）

(7) 胶合板榉木板面层包柱工程量为：$S=(0.65+0.25\times2)\times2.7\times4=12.42$（m²）

三、门窗工程（不包括普通木质门窗）

（一）门窗工程有关规定

(1) 本定额是按机械和手工操作综合编制的，不论实际采用何种操作方法，均按定额执行。

(2) 保温门的填充料与定额不同时，可以换算，其他工料不变。

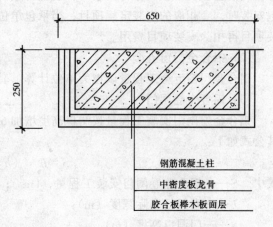

图 5-43 柱装饰图

(3) 厂库房大门及特种门的钢骨架制作，以钢材重量表示，已包括在定额项目中，不再另列项目计算。

(4) 厂库房大门、钢木大门及其他特种门按扇制作、扇安装分别列项。

(5) 定额中的钢窗、铝合金窗、塑料窗、彩板组角钢窗等适用于平开式，推拉式，中转式，上、中、下悬式。

(6) 铝合金门窗制作兼安装项目，是按施工企业附属加工厂制作编制的，加工厂至现场堆放点的运输,另行计算。

(7) 铝合金地弹门制作（框料）型材是按 101.6mm×44.5mm,厚 1.5mm 方管编制的；单扇平开门,双扇平开窗是按 38 系列编制的。

(8) 铝合金卷闸门（包括卷筒、导轨）、彩板组角钢门窗、塑料门窗、钢门窗安装以成品安装编制的。由供应地至现场的运输费用,应计入相应预算价格之中。

(9) 玻璃厚度、颜色、密封油膏、软填料,如设计与定额不同时可以换算。

(10) 铝合金门窗、彩板组角钢门窗、塑料门窗和钢门窗成品安装,如每 100m² 门窗实际用量超过定额含量 1% 以上时,可以换算,但人工、机械用量不变。门窗成品包括五金配件在内。

(11) 钢门的钢材含量与定额不同时,钢材用量可以换算,其他不变。

(二) 门窗工程量计算方法

1. 铝合金门窗

(1) 铝合金门窗制作与安装

铝合金门窗制作与安装工程量均按设计门窗洞口面积以平方米计算。如为双层门窗应乘以系数 2。其公式如下：

$$S = b \times h$$

式中　S——铝合金门窗制作与安装工程量,（m²）；
　　　b——设计门窗洞口宽度（m）；
　　　h——设计门窗洞口高度（m）。

当承包单位承包制作与安装时,套铝合金门窗制作、安装定额项目；当承包单位只承包安装时,套相应的安装定额项目；当承包单位只承包制作时,套相应铝合金门窗制作安装项目再扣除安装项目费用。

(2) 铝合金门窗五金

铝合金门窗五金工程量以樘为单位计算,套相应的五金配件表定额项目。

(3) 铝合金卷闸门

铝合金卷闸门安装工程量按洞口高度增加 600mm 乘以卷闸门实际宽度以平方米计算。其公式如下：

$$S = b \times (h + 0.6)$$

式中　S——铝合金卷闸门安装工程量,（m²）；
　　　b——卷闸门实际宽度（m）；
　　　h——门洞口高度（m）。

电动装置安装以套为单位计算,活动小门安装以个为单位计算。

2. 不锈钢门窗、彩板组角钢门窗、塑料门窗

不锈钢门窗、彩板四角钢门窗、塑料门窗制作安装工程量,均按设计门窗洞口以平方米计算。

3. 不锈钢片包门框、彩板组角钢门窗附框

不锈钢片包门框按框外表面积以平方米计算；彩板组角钢门窗附框安装按延长米计算。

【例 5-8】　计算如图 5-44 所示的单层古铜色铝合金地弹门制作安装的工程量。

【解】 单扇带上亮铝合金地弹门制作安装工程量为：
$$S = b \times h = 0.9 \times 2.3 = 2.07 \text{ (m}^2\text{)}$$

四、顶棚工程

（一）顶棚工程有关规定

（1）定额中凡注明了砂浆种类和配合比、饰面材料型号规格的，如与设计采用不同时，可按设计规定进行调整。

（2）定额中的龙骨是按常用材料和规格综合编制的，如与设计规定不同时，可以换算，但人工不变。

（3）定额中木龙骨规格，大龙骨为 50mm×70mm，中、小龙骨为 50mm×50mm，吊木筋为 50mm×50mm，实际使用不同时，允许换算，人工及其他材料不变。

（4）顶棚面层在同一标高者为一级顶棚；顶棚面层不在同一标高者，且高差在 200mm 以上者为二级或三级顶棚。

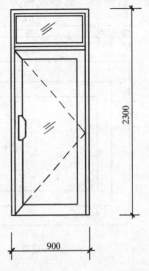

图 5-44 铝合金地弹门示意图

（5）顶棚骨架、顶棚面层应分别列项，并套取相应定额项目。对于二级或三级以上造型的顶棚，其面层人工乘以系数 1.3。

（6）吊筋安装，如在混凝土板上钻眼、挂筋者，按相应项目每 100m² 增加人工 3.4 个工日；如在砖墙上打洞搁放骨架者，按相应顶棚项目 100m² 增加人工 1.4 工日。上人型顶棚骨架吊筋为射钉者，每 100m² 减少人工 0.25 工日，吊筋 3.8kg；增加钢板 27.6kg，射钉 585 个。

（7）顶棚装饰项目已包括 3.6m 以下简易脚手架搭设及拆除。

（二）顶棚工程量计算方法

1．顶棚抹灰

（1）顶棚抹灰工程量，按主墙间净面积以平方米计算。不扣除间壁墙、垛、柱、附墙烟囱、检查井和管道等所占面积。带梁顶棚，梁的两侧抹灰面积，并入顶棚抹灰的工程量内计算。

（2）密肋梁和井字梁顶棚抹灰的工程量，按展开面积以平方米计算。

（3）顶棚抹灰如带装饰线时，区别三道线以内或五道线以内按延长米计算。线角的道数以一个凸出的棱角为一道线。

（4）檐口顶棚（即挑沿底）抹灰面积，并入相应的顶棚抹灰工程量内计算。

（5）顶棚中折线、灯槽线、圆弧形线、拱形线等艺术形式抹灰，按展开面积以平方米计算。

2．吊顶顶棚

（1）各种吊顶顶棚龙骨工程量按主墙间净空面积以平方米计算，不扣除间壁墙、检查口、附墙烟囱、柱、垛和管道所占面积，但顶棚中折线、迭落等圆弧形、高低吊灯槽等面积也不展开计算。

（2）顶棚面层装饰面积，按主墙间实铺面积以平方米计算，不扣除间壁墙、检查口、附墙烟囱、附墙垛和管道所占面积，应扣除独立柱及与顶棚相连接的窗帘盒所占的面积。

【例 5-9】 某办公室顶棚吊顶如图 5-45 所示，已知顶棚采用不上人装配式 U 形轻钢龙骨石膏板，面层规格为600mm×600mm，计算顶棚吊顶工程量。

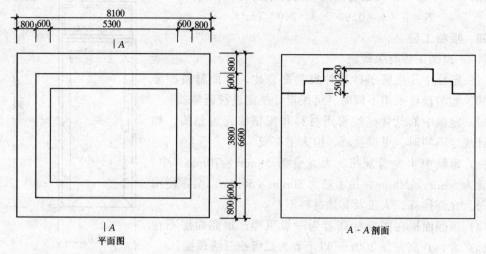

图 5-45 办公室顶棚吊顶示意图

【解】 根据定额有关说明，龙骨与面层应分别列项。

(1) 轻钢龙骨顶棚工程量为：
$$S = 8.1 \times 6.6 = 53.46 \ (m^2)$$

(2) 石膏板面层工程量为：
$$S = 8.1 \times 6.6 + 0.25 \times (6.5 + 5) \times 2 + 0.25 \times (5.3 + 3.8) \times 2$$
$$= 63.76 \ (m^2)$$

五、油漆、涂料、裱糊

(一) 油漆、涂料、裱糊工程有关规定

(1) 定额刷涂、刷油采用手工操作，喷塑、喷涂、喷油采用机械操作，操作方法不同时不另调整。

(2) 油漆浅、中、深各种颜色已综合考虑在定额内，颜色不同，不另调整。

(3) 定额在同一平面上的分色及门窗内外分色已综合考虑。如需做美术图案者另行计算。

(4) 定额规定的喷、涂、刷遍数，如与设计要求不同时，可按每增加一遍定额项目进行调整。

(5) 喷塑（一塑三油）：底油、装饰漆、面油，其规格划分如下：

1) 大压花：喷点压平，点面积在 $1.2 cm^2$ 以上；

2) 中压花：喷点压平，点面积在 $1 \sim 1.2 cm^2$；

3) 喷中点、幼点：喷点面积在 $1 cm^2$ 以下。

(二) 油漆、涂料、裱糊工程量计算方法

1. 楼地面、顶棚面、墙、柱、梁面的喷（刷）涂料、抹灰面油漆及裱糊工程，均按楼地面、顶棚面、墙、柱、梁面装饰工程相应的工程量计算规则计算。

2. 木材面、金属面油漆的工程量，分别按表5-3～表5-11中规定的计算方法，并乘以表列系数以平方米或延长米或吨计算。

(1) 木材面油漆

单层木门工程量系数表 表5-3

项目名称	系 数	工程量计算方法
单层木门	1.00	按单面洞口面积
双层木门（一板一纱）	1.36	
双层木门（单裁口）	2.00	
单层全玻门	0.83	
木百叶门	1.25	
厂库大门	1.10	

单层木窗工程量系数表 表5-4

项目名称	系 数	工程量计算方法
单层玻璃窗	1.00	按单面洞口面积
双层窗（一玻一纱）	1.36	
双层窗（单裁口）	2.00	
三层（二玻一纱）	2.60	
单层组合窗	0.83	
双层组合窗	1.66	
木百叶窗	1.50	

木扶手（不带托板）工程量系数表 表5-5

项目名称	系 数	工程量计算方法	项目名称	系 数	工程量计算方法
木扶手（不带托板）	1.00	按延长米	挂衣板、黑板框、生活园地框	0.52	按延长米
木扶手（带托板）	2.60				
窗帘盒	2.04		挂镜线、窗帘棍	0.35	
封檐板、顺水板	1.74				

其他木材面工程量系数表 表5-6

项目名称	系数	工程量计算方法	项 目 名 称	系数	工程量计算方法
木板、纤维板、胶合板、顶棚、檐口	1.00	长×宽	屋面板（带檩条）	1.11	斜长×宽
清水板条顶棚、檐口	1.07		木间壁、木隔断	1.90	单面外围面积
木方格吊顶顶棚	1.20		玻璃间壁露明墙筋	1.65	
吸声板、墙面、顶棚面	0.87		木栅栏、木栏杆（带扶手）	1.82	
鱼鳞板墙	2.48		木屋架	1.79	跨度（长）×中高×1/2
木护墙、墙裙	0.91				
窗台板、筒子板、盖板	0.82		衣柜、壁柜	0.91	投影面积（不展开）
暖气罩	1.28		零星木装修	0.87	展开面积

木地板工程量系数表 表5-7

项目名称	系数	工程量计算方法	项目名称	系数	工程量计算方法
木地板、木踢脚线	1.00	长×宽	木楼梯（不包括底面）	2.30	水平投影面积

（2）金属面油漆

单层钢门窗工程量系数表 表5-8

项目名称	系数	工程量计算方法	项目名称	系数	工程量计算方法
单层钢门窗	1.00	单面洞口面积	射线防护门	2.96	框（扇）外围面积
双层钢门窗（一玻一纱）	1.48		厂库房平开、推拉门	1.70	
双层钢门窗	2.00		铁丝网大门	0.81	
钢百叶门	2.74		间壁	1.85	长×宽
半截百叶钢门	2.22		平板屋面	0.74	斜长×宽
满钢门或包铁皮门	1.63		瓦垄板屋面	0.89	
钢折叠门	2.30		排水、伸缩缝盖板	0.78	展开面积
			吸气罩	1.63	水平投影面积

其他金属面工程量系数表 表5-9

项目名称	系数	工程量计算方法	项目名称	系数	工程量计算方法
钢屋架、天窗架、挡风架、支撑、檩条、屋架梁	1.00	重量(t)	钢栅栏门、栏杆、窗栅	1.71	重量(t)
墙架(空腹式)	0.50		钢爬梯	1.18	
墙架(格板式)	0.82		轻型屋架	1.42	
钢柱、吊车梁、花式梁、柱、空花构件	0.63		踏步式钢扶梯	1.05	
操作台、走台、制动梁、钢梁车档	0.71		零星铁件	1.32	

平板屋面涂刷磷化、锌黄底漆工程量系数表 表5-10

项目名称	系数	工程量计算方法
平板屋面	1.00	斜长×宽
瓦垄板屋面	1.20	
排水、伸缩缝盖板	1.05	展开面积
吸气罩	2.20	水平投影面积
包镀锌铁皮门	2.20	洞口面积

抹灰面工程量系数表 表5-11

项目名称	系数	工程量计算方法
槽形底板、混凝土折板	1.30	长×宽
有梁板底	1.10	
密肋、井字梁底板	1.50	
混凝土平板式楼梯底	1.30	水平投影面积

(3)抹灰面油漆、涂料

3. 木门框、贴皮子门扇四周等小面积油漆按实刷面积以平方米计算工程量,套其他木材面油漆。

【例5-10】 计算图5-46所示小型房间木门窗润油粉、刮腻子、聚氨酯漆三遍的工程量。

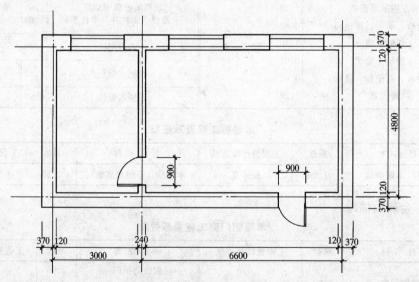

图5-46 小型房间平面图

图注:1. 木窗尺寸为 $b \times h = 1800mm \times 1500mm$ 双层木窗(单裁口);
2. 木门尺寸为 $b \times h = 900mm \times 2000mm$ 单层木门。

【解】 木窗润油粉、刮腻子、聚氨酯漆的工程量为:
$$S_1 = 1.8 \times 1.5 \times 2 \times 3 = 16.2 \text{ (m}^2\text{)}$$

木门润油粉、刮腻子、聚氨酯漆的工程量为:

$S_2 = 0.9 \times 2 \times 2 = 3.6$ (m²)

合计:$S = 16.2 + 3.6 = 19.80$ (m²)

【例5-11】 某住宅书房平面图如图5-47所示,已知其墙面裱糊金属墙纸,计算房间贴金属墙纸工程量。

【解】 $S = (3.6+4.8) \times 2 \times 2.8$
$- 1.8 \times 1.5 - 0.9 \times 2$
$= 42.54$ (m²)

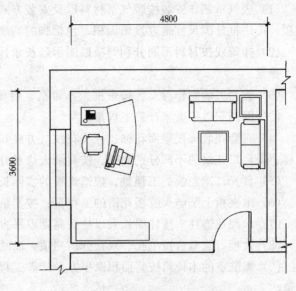

图5-47 书房平面布置图

图注:1. 窗尺寸 宽×高＝1800mm×1500mm;
2. 门尺寸 宽×高＝900mm×2000mm;
3. 房间榉木踢脚板高120mm;
4. 房间顶棚高度2800mm。

六、其他工程

(一)其他工程有关规定

(1)定额除铁件外,均不包括油漆、防火漆工料,如需做油漆、防火漆的项目,按油漆工程相应定额项目执行。

(2)定额安装项目,如材质规格、品种不同时可以换算,其安装人工、材料消耗量不予调整。

(3)美术字安装。

1)美术字不分字体均执行定额。

2)其他面指铝合金扣板面、钙塑板面等。

(4)柜类材料与定额含量不同时,允许调整。

(5)暖气罩挂板式是指暖气片悬挂在墙上,气包罩脱离地面。平墙式是指凹入墙内;明式是指凸出墙面;半凹半凸套用明式定额项目。

(二)工程量计算方法

1. 美术字安装

美术字安装不分字体均按美术字的材料和安装的基础面以及每个字的最大外围面积的不同综合考虑,按字的个数计算工程量。

2. 柜类制作与安装

(1)柜台(按带框、不带框,又分别按两面玻璃、四面玻璃)、服务台、酒吧台、酒吧背柜均按图示长度以米为单位计算工程量。

(2)货架(分带框、不带框)、高货柜(分单面、双面)均按正立面面积(包括脚的高度在内)以平方米计算工程量。

(3)客房壁柜以"个"为单位计算工程量。

3. 零星装修

(1) 暖气罩制作安装按暖气罩材料以及安装方式（平墙式、明式、挂板式）不同分别列项，按边框外围尺寸垂直投影面积（包括脚的高度在内）以平方米计算工程量。

(2) 挂镜线按材料不同分别列项以图示延长米计算工程量。挂镜点以"个"为单位计算工程量。

(3) 镜面玻璃制作与安装按带框、不带框，镜面玻璃在 $1m^2$ 以内和 $1m^2$ 以外分别列项，按外围面积以平方米计算工程量。

(4) 石膏花装饰按梁面花饰、柱头花纹（方柱）、柱头花纹（圆柱）、顶棚顶花、墙边花样、舞台口花纹的不同分别列项，按其最大边展开面积以平方米计算工程量。

(5) 日光灯遮光板的工程量，按遮光板的实际长度以延长米计算。

(6) 木夹板上贴防火胶板花槽的工程量，按实贴面积以平方米计算。

(7) 水泥花饰柱头按柱周长乘以柱头高度以平方米计算工程量。

(8) 大理石洗漱台按单孔、双孔分别列项，以"个"为单位计算工程量。

(9) 盥洗室的木镜箱按其面积以平方米计算工程量；塑料镜箱以"个"为单位计算工程量。

(10) 金属帘子杆、金属浴缸拉手、不锈钢毛巾杆、塑料毛巾杆，按"个"或"根"为单位计算工程量。

(11) 不锈钢手纸盒、皂盒、浴巾架，按"个"为单位计算工程量。

(12) 大理石台面板及角钢支架，按"套"为单位计算工程量。

(13) 门镜（猫眼）安装，按"个"为单位计算工程量。

4．屋面工程

(1) 琉璃瓦屋面的工程量，按施工图纸的图示尺寸水平投影面积乘以屋面延尺系数 C，以平方米计算。屋面坡度系数的数值见表 5-12。

屋面坡度系数　　　　表 5-12

序号	坡度 B (A=1)	坡度 B/2A	坡度 角度 θ	延尺系数 C (A=1)	隅延尺系数 D (A=1)
1	1.000	1/2	45°	1.4142	1.7321
2	0.750		36°52′	1.2500	1.6008
3	0.700		35°	1.2207	1.5779
4	0.666	1/3	33°40′	1.2015	1.5620
5	0.650		33°01′	1.1926	1.5564
6	0.600		30°58′	1.1662	1.5362
7	0.577		30°	1.1547	1.5270
8	0.550		28°49′	1.1413	1.5170
9	0.500	1/4	26°34′	1.1180	1.5000
10	0.450		24°14′	1.0966	1.4839
11	0.400	1/5	21°48′	1.0770	1.4697
12	0.350		19°17′	1.0594	1.4569
13	0.300		16°42′	1.0440	1.4457
14	0.250	1/8	14°02′	1.0308	1.4362
15	0.200	1/10	11°19′	1.0198	1.4283
16	0.150		8°32′	1.0112	1.4221
17	0.125	1/16	7°08′	1.0078	1.4191
18	0.100	1/20	5°42′	1.0050	1.4177
19	0.083	1/24	4°45′	1.0035	1.4166
20	0.066	1/30	3°49′	1.0022	1.4157

注：表中 A 为屋面半跨水平投影长；B 为屋脊垂直高度。

(2) 琉璃瓦檐、背的工程量按檐背长度以延长米计算。

【例 5-12】 图 5-48 所示为标准客房卫生间平面图，内设大理石漱台，不带框镜面玻璃及毛巾杆等配件。已知玻璃镜尺寸为 1500mm（宽）× 1000mm（高）；毛巾杆为不锈钢。计算 10 个标准客房卫生间上述配件的工程量。

【解】 大理石洗漱台工程量为：1 × 10 = 10（个）

不带框镜面玻璃工程量为：$S = 1.5 \times 1 \times 10 = 15$（m²）

不锈钢毛巾杆工程量为：1 × 10 = 10（根）

【例 5-13】 某工程采用四坡排水琉璃瓦屋面，屋面尺寸如图 5-49 所示，已知其屋面坡度 $B/2A = 1/4$（26°34′），计算琉璃瓦屋面铺在混凝土屋面板上的工程量。

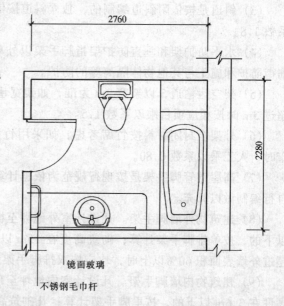

图 5-48 卫生间平面图

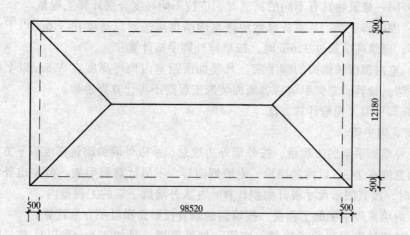

图 5-49 某建筑物屋顶示意图

【解】 从表 5-12 查得，当 $B/2A = 1/4$ 时，其屋面延尺系数 $C = 1.1180$。琉璃瓦屋面铺在混凝土屋面上的工程量为：

$$S = (98.52 + 0.5 \times 2) \times (12.18 + 0.5 \times 2) \times 1.1180$$
$$= 1466.45 \text{（m}^2\text{）}$$

七、脚手架工程

(一) 脚手架工程有关规定

(1) 定额外脚手架、里脚手架，按搭设材料分为木制、竹制、钢管脚手架；烟囱脚手架和电梯井脚手架为钢管式脚手架。

(2) 外脚手架定额中均综合了上料平台、护卫栏杆。

(3) 斜道是按依附斜道编制的,独立斜道按依附斜道定额项目人工、材料、机械乘以系数1.8。

(4) 水平防护架和垂直防护架指脚手架以外单独搭设的,用于车辆通道、人行通道、临街防护和施工与其他物体隔离等的防护。

(5) 架空运输道,以架宽2m为准,如架宽超过2m时,应按相应项目乘以系数1.2,超过3m时按相应项目乘以系数1.5。

(6) 外架全封闭材料按竹席考虑,如采用竹笆板时,人工乘以系数1.10;采用纺织布时,人工乘以系数0.80。

(7) 高屋钢管脚手架是按现行规范为依据计算的,如采用型钢平台加固时,由各地市自行编制做以补充。

(8) 建筑物外墙脚手架。凡设计室外地坪至檐口(女儿墙上表面)的砌筑高度在15m以下的,按单排脚手架计算;砌筑高度在15m以上或不足15m,但外墙门窗及装饰面积超过外墙表面积60%以上时,均应按双排脚手架计算。采用竹制脚手架时,按双排计算。

(9) 建筑物内墙脚手架。凡设计室内地坪至顶板下表面(或山墙高度1/2处)的砌筑高度在3.6m以下的,按里脚手架计算;凡砌筑高度超过3.6m时,按单排脚手架计算。

(10) 石砌墙体脚手架,砌筑高度超过1m以上时,按外墙脚手架计算。

(11) 计算内、外墙脚手架工程量时,均不扣除门窗洞口、空圈洞口等所占面积。

(12) 同一建筑物具有不同的高度时,应按不同高度分别计算工程量。

(13) 围墙脚手架。凡室外自然地坪至围墙顶面的砌筑高度在3.6m以下者,按里脚手架计算;砌筑高度超过3.6m时,按单排外脚手架计算。

(14) 室内顶棚装饰面的脚手架。凡装饰面距室内地坪高度在3.6m以上时,应计算满堂脚手架。计算满堂脚手架后,墙面装饰工程则不再计算脚手架。

(二) 脚手架工程量计算方法

1. 砌筑脚手架

(1) 外墙脚手架的工程量,按外墙外边线总长乘以外墙的砌筑高度以平方米计算。突出外墙面宽度在24cm以内的墙垛、附墙烟囱等,不另计算脚手架。但突出外墙面宽度超过24cm时,按其图示尺寸展开面积计算,并入外墙脚手架的工程量内。

(2) 内墙里脚手架的工程量,按墙面的垂直投影面积以平方米计算。

(3) 独立柱脚手架的工程量,按图示柱外围周长另加3.6m乘以柱高,以平方米计算。

2. 现浇混凝土柱、梁、墙

(1) 现浇混凝土柱的脚手架工程量,按柱图示周长另加3.6m乘以柱高,以平方米计算。

(2) 现浇混凝土梁、墙的脚手架工程量,按设计室外地坪或楼板上表面至楼板底之间的高度,乘以梁、墙的净长,以平方米计算。

3. 装饰工程脚手架

(1) 室内满堂脚手架的工程量,按室内地面净面积计算,不扣除附墙垛、柱等所占面积。满堂脚手架基本层以3.6m以上至5.2m以内的顶棚高度为准,若高度超过5.2m时,还应另外计算满堂脚手架的超高增加费。

超高增加费=Σ（室内地面净面积×每增高1.2m的定额基价×增加层数）

增加层数可按下式计算：

$$满堂脚手架增加层数 = \frac{室内净高 - 5.2\,(m)}{1.2\,(m)}$$

室内净高是指设计室内地面至顶棚底面的距离，斜屋面或斜顶棚按平均高度计算。上述公式的计算结果每增1.2m为一个增加层，凡余数大于0.6m的，按一个增加层计算。

（2）挑脚手架的工程量，按搭设长度和层数以延长米计算。

（3）悬空脚手架的工程量，按搭设水平投影面积以平方米计算。

（4）高度超过3.6m墙面装饰不能利用原砌筑脚手架时，可以计算装饰脚手架。装饰脚手架按双排脚手架乘以0.3计算工程量。

4．其他脚手架

（1）水平防护架的工程量，按实际铺板的水平投影面积，以平方米计算。

（2）垂直防护架的工程量，按自然地坪至最上一层横栏之间的搭设高度，乘以实际搭设长度以平方米计算。

（3）架空运输道脚手架的工程量，按搭设长度以延长米计算。

（4）电梯井脚手架的工程量，按单孔以座计算。

（5）附属斜道脚手架的工程量，应区分不同高度以座计算。

（6）建筑物垂直封闭脚手架的工程量，按其封闭面的垂直投影面积以平方米计算。

5．安全网脚手架

（1）立挂式安全网脚手架的工程量，按架网的实挂长度乘以实挂高度，以平方米计算。

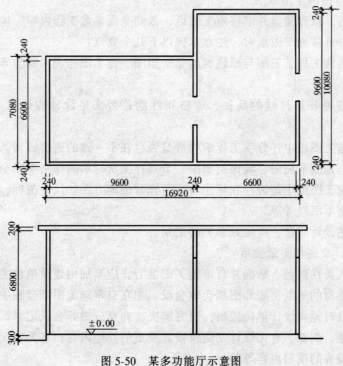

图5-50 某多功能厅示意图

(2) 挑出式安全网脚手架的工程量，按挑出的水平投影面积，以平方米计算。

【例 5-14】 某多功能厅示意图如图 5-50 所示，顶棚装饰为轻钢龙骨石膏板吊顶，计算脚手架工程量及相应的增加层数。

【解】 满堂脚手架的工程量为：
$$S = 9.6 \times 6.6 + 6.6 \times 9.6 = 126.72 \ (m^2)$$

$$增加层数 = \frac{室内顶棚高度 - 5.2}{1.2} = \frac{6.8 - 5.2}{1.2} = 1.3 （取 1 个增加层）$$

第五节　建筑装饰工程预算的编制

一、编制装饰工程预算的准备工作

（一）整理、熟悉和审核施工图纸

施工图纸是编制施工图预算，进行工程量计算的基本依据。因此在编制预算之前，必须充分熟悉施工图纸，了解设计者的设计意图并掌握工程全貌。对施工图纸中发现的各种问题和建议，及时地同设计单位相沟通，并做到妥善解决。一般来说，熟悉施工图纸包括如下几方面的工作。

1．整理施工图纸

装饰工程施工图纸一般包括：装饰平面布置图、顶棚（吊顶）平面图、装饰立面图、装饰剖面图和局部大样图等，根据需要还可有装饰效果图。装饰工程施工图纸应按规定的顺序编排。一般为：全局性图纸在前，局部性图纸在后；先施工的在前，后施工的在后。并把图纸的目录放在首页，然后装订成册，如发现图纸有缺漏现象，应及时补齐。

2．阅读和审核施工图纸

图纸齐全后，认真阅读并审核施工图纸，做到全面熟悉工程内容、构造和相应的各种尺寸。在阅读并审核施工图纸时，注意掌握以下几个要点：

（1）检查装饰工程施工图与原建筑的总平面图、施工图与说明部分等有无相互冲突的矛盾。

（2）检查各种装饰材料的品种、规格和性能是否满足设计构造以及相应尺寸的要求。

（3）检查施工图纸中各分项工程的构造是否存在不一致的逻辑错误。例如，对于顶棚吊顶同一部位，顶棚平面图、装饰剖面图、节点详图所标示的作法不完全统一。

（4）检查施工图纸中是否存在标注内容不充分的地方。如尺寸漏标，使用何种材料不明确，施工作法不明确等等。

如发现上述设计问题，应做好必要的记录。

3．参加设计交底和图纸会审

预算编制人员在熟悉、掌握并自审施工图纸后，应参加由建设单位主持，设计单位和施工单位共同参与的图纸交底和图纸会审会议。把在自审施工图纸过程中发现的一些问题或不清楚之处及时地向设计单位提出，研究解决。并充分做好会议记录，掌握与编制预算有关的一切问题。例如，有无设计变更及设计变更的具体内容；有无施工图纸中包括而在预算定额内部没有的项目内容等等。

（二）熟悉施工组织设计资料

建筑装饰工程施工组织设计具体规定了装饰工程中各分项工程的施工方法、施工机具、构配件加工方式、技术组织措施和现场平面布置图等内容。它是编制施工图预算时，计算工程量、选套预算定额或单位估价表和计算其他费用的重要依据。

因此，在编制预算时，应先熟悉并掌握施工组织设计中直接影响装饰工程预算造价的一切有关内容。

（三）熟悉其他基础资料并了解相关信息

1．熟悉建筑装饰工程预算定额

装饰工程预算定额是编制装饰工程预算的基本法规之一，是正确计算工程量，确定装饰分项工程基价（或称单价），进行工料分析的重要基础资料。但应注意：必须按工程量性质和当地有关规定正确选用定额，了解定额的时效性并掌握定额的适用范围等。

2．熟悉单位估价表

单位估价表是根据预算定额、建筑装饰工人工资标准、装饰材料预算价格和施工机械台班预算价格编制的，以货币形式表达的分项工程的单位价值，它是编制装饰工程施工图预算，计算直接费的依据。

3．熟悉装饰工程费用定额及其他取费文件

装饰工程费用定额是根据国家和各省、直辖市、自治区有关规定编制的，它是编制施工图预算，计算各项费用，确定工程造价的依据。

4．了解材料价格信息

装饰材料费用在装饰工程造价中占有很大的比重，随着新材料的不断涌现以及时间的推移，预算定额基价中的某些材料费已不能正确反映工程实施之时的真实价格。为了提高工程造价的准确性，目前各地工程造价管理部门均定期发布建筑装饰材料市场价格信息，以便调整定额中某些材料的预算价格。

5．了解装饰工程施工合同或协议书

装饰工程施工合同，是承、发包双方履行各自承担的责任和分工的经济契约，也是当事人按有关法令、条例签订的权利和义务的协议。它明确了双方的责任、分工协作、互相制约、互相促进的经济关系。工程造价要根据甲、乙双方签定的施工合同或施工协议进行编制。合同是法规性文件，它规定了承包工程的范围、价款结算方式、工程包干系数、材料供应方式、材料价差、工期等与工程造价紧密相连的一些依据。

6．了解有关标准图集和相关手册

为了方便而准确快速地计算工程量,必须具备有关的标准图集,包括国家标准图集和本地区标准图集。同时，还应备有符合当地规定的相关建筑材料手册和金属材料手册等,以备查用。

7．了解工程地点

分析是否计取远地施工增加费。

8．了解施工现场情况

例如：掌握现场的水源、电源、热源及交通运输情况等，以便准确、合理地编制施工图预算。

二、装饰工程预算的编制方法和步骤

（一）装饰工程预算的编制方法

装饰工程施工图预算的编制方法，主要有以下两种：

1. 单位估价法

单位估价法是根据各分部分项工程量、预算定额或地区单位估价表中的基价，计算直接费及人工费，并以此为基础计算其他直接费、现场经费、间接费、利润、其他有关费用和税金等，最后汇总求得整个装饰工程预算造价的方法，称为单位估价法。

2. 实物造价法

随着装饰工程的兴盛、发展，新材料、新工艺、新构件和新设备被广泛应用于设计和施工中，而这些项目在现行的装饰工程预算定额中往往没有包括，如若编制临时补充定额，时间上又不允许，在这种情况下，通常采用实物造价法来编制预算。

实物造价法是根据实际施工中所采用的人工、材料和机械台班消耗量，分别乘以现行的地区工人日工资标准、材料预算价格和机械台班价格计算出人工费、材料费和机械费，在此基础上再计算其他各项费用，最后汇总形成装饰工程预算造价的方法，称为实物造价法。

(二) 装饰工程预算的编制步骤

1. 确定工程量计算项目

在熟悉施工图和相应基础资料的基础上，列出全部需要编制预算的装饰工程项目，这些项目通常称为分项、子目或子项。

(1) 列装饰工程分项时应遵循的基本原则是：既不能多列，也不能少列、错列。说明如下：

1) 凡施工图纸中有的工程内容，定额中也有对应的子目，要列分项。

2) 凡施工图纸中有的工程内容，定额中却无相对应的子目，也要列分项。

3) 凡施工图纸中没有的工程内容而定额中有的，不得列分项。

(2) 列分项的顺序通常有两种：

1) 根据预算定额的编制顺序列项，先从分部工程开始，找出相应的分项工程，再以预算定额的编制顺序，逐一列出，直至把施工图纸中所包含的全部工程内容列出为止。

2) 按施工顺序列项，例如根据装饰工程施工的特点，可以先做顶棚、墙柱面、再做门窗、楼地面，也可以组织平行流水施工，还可以多个单元或数个楼层同时进行等。因此，按施工顺序列项就要按照具体的施工组织设计来确定。

(3) 列分项应注意事项：

1) 当施工图纸中工程的构造做法、使用装饰材料、规格与定额的规定完全一致时，则列出定额所示的分项工程名称及其定额编号；

2) 当定额规定的工作内容与施工图纸中的工程内容要求不完全相符时，应按施工图纸列分项工程名称，同时在查阅定额基价时确定是否可以换算，如定额规定允许换算，则就在定额编号的前或后加一个"换"字，以示该分项工程已进行了相应的调整或换算；

3) 对于施工图纸中有的工程项目，而预算定额或单位估价表没有的项目，单独列出来，以便编制补充定额或采用实物造价法进行相应计算。

2. 计算各项目的工程量

工程量是以定额规定的计算单位所表示的各分项工程或结构构件的数量，它是编制预算的主要基础数据。

计算工程量是一项繁重而又细致的工作，工程量的正确与否直接影响预算造价的准确性。因此工程量要按照定额规定的工程量计算规则，认真、细致、准确地进行计算。

3．选套定额或单位估价表计算直接费

根据仔细复核无误并汇总整理后的各分项工程量，以此套用预算定额或单位估价表计算直接费。并填写在工程预算表中（表 5-13），最后汇总即求得单位装饰工程直接费。

工 程 预 算 表   表 5-13

工程名称：   第　页

序号	定额编号	分项工程名称	工程量		价值（元）		其　中					
							人工费（元）		材料费（元）		机械费（元）	
			定额单位	数量	定额基价	金额	单价	金额	单价	金额	单价	金额
1												
2												
3												

在计算直接费时，应注意以下问题：

（1）当分项工程的工作内容与定额的工作内容不完全一致，而定额规定允许换算时，应按照定额规定的换算方法，进行相应的定额基价换算，并把换算后定额编号、定额基价和人工费、材料费、机械费准确填入工程预算表中。

（2）当分项工程无相对应的定额时，则需编制补充定额或补充单位估价表，并报当地造价主管部门审核批准后，方可作为一次性临时定额纳入预算文件中，并注明"补充"二字。

4．进行工料分析和汇总

工料分析是确定完成一个装饰工程项目所需消耗人工、各种规格、种类的装饰材料的数量指标。

（1）工料分析的作用

人工、材料消耗量的分析是装饰工程预算的重要组成部分，其主要作用表现在以下几个方面：

1）是装饰工程施工企业编制装饰工程劳动力调配计划和材料供应计划的依据；

2）是装饰施工企业签发施工任务单、考核并控制实际施工中人工、材料消耗量以及班组进行经济核算的依据；

3）是装饰施工企业进行"两算"对比，进行成本分析，找出节约的途径和制定降低成本措施的依据；

4）是建设单位和施工单位进行装饰材料的核算和材料价差结算的主要依据。

（2）工料分析的方法

工料分析是根据工程量和工程预算表为基础，按定额编号从预算定额中查出各分项工程单位产品人工和材料的消耗量，并以此计算各分项工程所需人工、各种材料的用量，最后汇总计算出该装饰工程所需人工和各种材料的总用量。

（3）工料分析的步骤

工料分析一般分两步进行，即分部分项工程的工料分析和整个单位工程工料汇总。

1）分部分项工程的工料分析应采用表格的形式进行计算，其工料分析表的表格形式见表 5-14。

工 料 分 析 表　　　　　　　　　　　　　表 5-14

序号	定额编号	分项工程名称	单位	工程量	定额	数量	定额	数量	定额	数量	定额	数量	定额	数量

工料分析表的编制通常按下列步骤进行：

①将装饰工程预算表中的序号、定额编号、分项工程名称、定额计量单位、工程量等依次填入工料分析表的相应栏内。

②从装饰工程预算定额中查出有关分项工程所需的人工和各种材料的定额消耗量，并填入工料分析表中的相应栏内。

③计算各分项工程的人工、材料用量，并将其填入到工料分析表的相应栏内。

分项工程人工用量＝分项工程量×定额人工消耗量

分项工程材料用量＝分项工程量×定额材料消耗量

④计算分部工程的人工、材料用量。将所计算的各分项工程的人工、材料用量，按不同品种和规格汇总，即得分部工程所需人工、材料用量。

2）单位工程工料汇总表的编制。将各分部工程相应的人工、材料用量汇总，计算出单位工程所需人工和各种材料的总用量。为了便于统计和汇总，通常编制单位工程工料汇总表。汇总表的表格形式可根据实际工作经验和工程情况制定，常用表式见表 5-15、5-16。

劳 动 力 汇 总 表　　　　　　　　　　　　　表 5-15

序 号	工 种 名 称	单 位	数 量	备 注

材 料 汇 总 表　　　　　　　　　　　　　表 5-16

序 号	材料名称	材料规格	单 位	数 量	备 注
1	瓷砖	200mm×300mm	块	23151	
2	地砖	400mm×400mm	块	8975	
3	水泥	42.5级	t	5.88	
4	乳胶漆		kg	125	
5	大白粉		kg	208	

（4）工料分析应注意的问题

1) 混合材料用量的计算。混合材料（或称配合比材料）是指由多个单项材料按一定配合比混合成的材料，如砂浆、混凝土等属于混合材料。对某些分项工程工料分析时，某些地区在装饰工程预算定额中，以配合比的方式只给出了混合材料的消耗量。所以在工料分析时，必须根据定额中规定的配合比、相应混合材料的消耗量，通过二次分析计算出各单项材料的用量。

①计算混合材料用量：

$$混合材料用量 = 分项工程量 \times 定额混合材料消耗量$$

②按混合材料的配合比，计算各组成单项材料的用量：

$$单项材料用量 = 混合材料用量 \times 配合比中相应单项材料消耗量$$

现在有些地区编制的预算定额中，已将按配合比组成的材料，即混合材料中的各组成部分逐一列出，每一种单项材料的消耗可直接从定额中查得，为工料分析创造了方便条件，可不必进行二次分析，减少了工料分析的工作量。

【例 5-15】 某装饰工程楼地面铺花岗石，工程量为 300m²，试计算该分项工程砂浆中各组成材料的需用量。

【解】 根据该分项工程项目内容，从某省的装饰工程预算定额中查得每 100m² 花岗石铺贴需 1:2.5 水泥砂浆 2.02m³，素水泥浆 0.10m³。

从砂浆配合比表中查得砂浆每立方米的各组成材料用量，见表 5-17。

花岗石面所需砂浆各组成材料用量（m³）　　表 5-17

材料名称	单位	1:2.5 水泥砂浆	素水泥浆
42.5 级水泥	kg	487.00	1509.00
砂	m³	1.02	
水	m³	0.30	0.52

分项工程砂浆中各组成材料的需用量为：

42.5 级水泥用量 $= 3 \times 2.02 \times 487 + 3 \times 0.1 \times 1509 = 3403.92$（kg）

砂用量 $= 3 \times 2.02 \times 1.02 = 6.18$（m³）

水用量 $= 3 \times 2.02 \times 0.30 + 3 \times 0.1 \times 0.52 = 1.97$（m³）

2) 铝合金项目的计算。对铝合金项目的计算，如果施工单位只承包了制作部分，而未承包安装，在进行工料分析时，应将铝合金安装部分的工料数量扣除掉。

【例 5-16】 某施工单位只承包单扇带上亮地弹门的制作，试计算 100m² 工料消耗量。

【解】 由某省装饰工程预算定额中查得单扇带上亮的铝合金地弹门制作安装项目和相应安装项目的每 100m² 的工料用量。通过计算求得制作部分的工料用量。见表 5-18 所示。

单扇带上亮铝合金地弹门工料分析（100m²）　　表 5-18

	工料名称	单位	制作安装①	安装②	制作①～②
人工	综合工日	工日	169.42	87.01	82.41
材料	铝合金型材	kg	718.18		781.18
	平板玻璃 6mm	m²	100.00	100.00	0
	密封毛条	m	152.59	151.56	1.03
	玻璃胶 350g/支	支	43.70	43.70	0

续表

工料名称		单位	制作安装①	安装②	制作①～②
材料	软填料	kg	52.71	31.77	20.94
	密封油膏	kg	42.19	27.63	14.56
	地脚	个	630.00	391.00	239.00
	膨胀螺栓	套	1260.00	781.20	478.80
	螺钉	百个	10.36	8.68	1.68
	拉杆螺栓	kg	13.09		13.09
	胶纸	m²	92.00		92.00
	其他材料费	元	24.89	6.19	18.70

5. 计算各项费用及工程造价

根据所确定的单位装饰工程直接费，按费用定额所规定的各种取费标准，计算其他直接费、现场经费、间接费、利润、其他有关费用和税金等。最后汇总得出单位装饰工程预算造价。其各项费用具体的计算方法，详见第四章第二～五节所述。

6. 编写预算说明

施工图预算的编制说明，没有统一格式和内容要求，通常包括：

（1）工程概况。说明工程名称、地点及编号、预算编号、建筑面积和简要的建筑与结构说明、工程总造价、单位面积造价等。

（2）编制依据。所采用的施工图名称、编号、交底会审中的设计变更；采用的预算定额、单位估价表、费用定额或由地区主管部门颁发的有关文件名称及文号；计算材料价差的依据和方法；定额缺项的处理及编制补充定额的依据。

（3）其他有关说明事项。在取费标准中哪些费用未考虑或依实际情况有所变更，在预算中是如何处理的；某些项目还存在哪些问题及以后将如何处理；与实际施工不符时应如何解决；其他需要说明的事项等。

7. 填写封面、装订成册

工程预算书的封面没有统一格式，但一般应包括如下内容：工程名称，建设单位和施工单位名称，建筑面积，工程造价，技术经济指标，编制单位、负责人、编制人、审核人和编制日期，审核单位、负责人和审核人。

最后将装饰工程预算书封面、编制说明、工程造价汇总表、工程预算表、工料汇总表、工料分析表和工程量计算表等按顺序装订成册，即形成完整的装饰工程预算书。编制工作结束后，送有关部门进行审批。

由于工料分析表和工程量计算表的内容繁多，有些地区不将它列于工程预算书中，而由预算编制人员单独保存，以备查用。

第六节 建筑装饰工程预算编制实例

本例为某住宅装饰工程，包括施工图纸和工程预算书两部分内容。

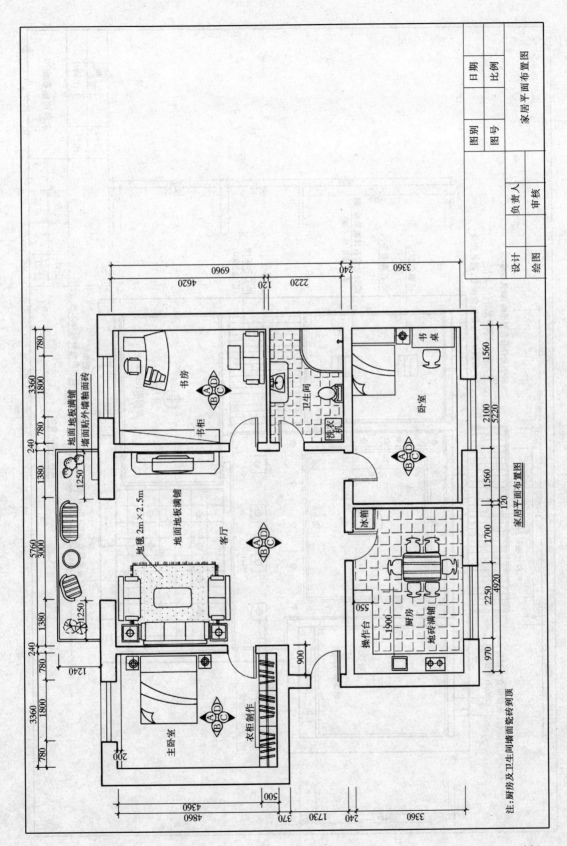

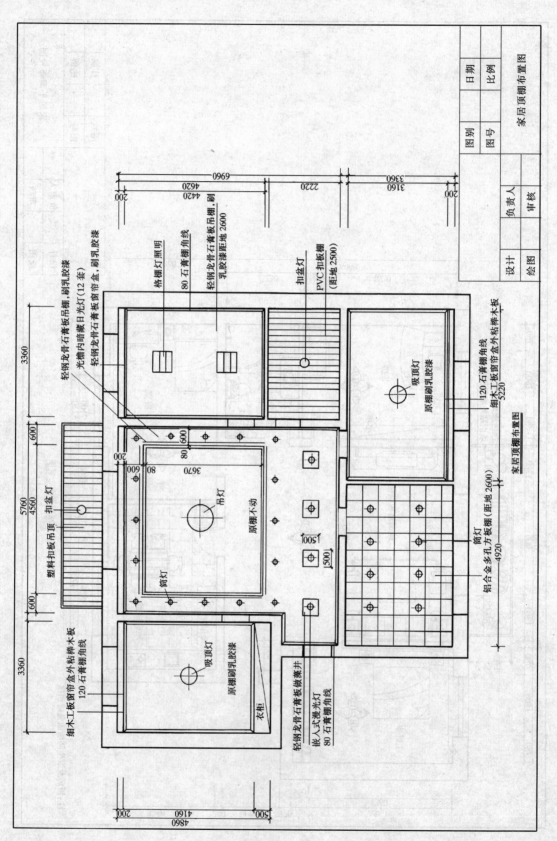

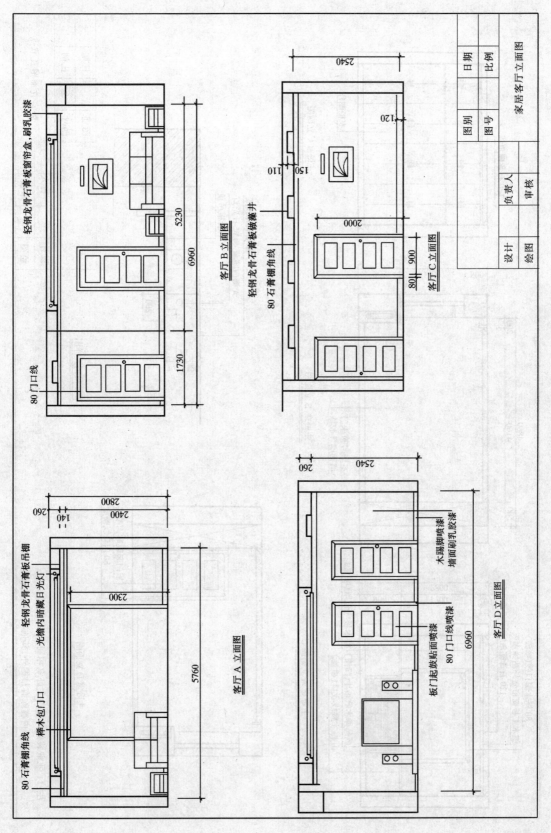

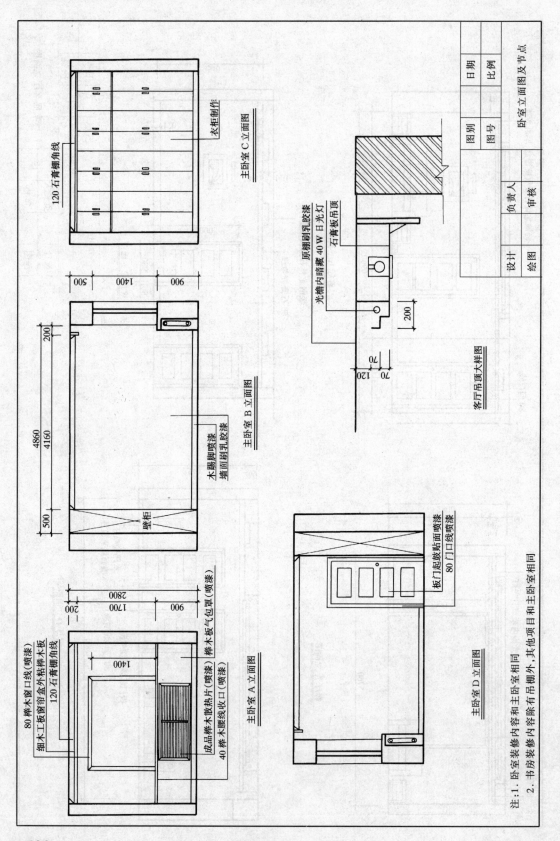

住宅工程(预)算书
(装饰工程)

工程价值 89917.07 元　　　施工单位 ×××

建设单位 ×××　　　净　　　结　　　　　元

负 责 人 ×××　　　负 责 人 ×××

审　　核 ×××　　　建筑面积　　　　　m²

　　　　　　　　　　审　　核 ×××

编　　制 ×××　　　经济指标　　　　元/m²

　　　　　　　　　　编　　制 ×××

2001 年 4 月 16 日 编

编制说明

1. 工程概况

本工程为某一层住宅装饰工程,位于黑龙江省哈尔滨市南岗区繁华地带,建筑结构为砖混结构。

2. 编制依据

(1) 2000 年《黑龙江省建设工程预算定额》(高级装饰);

(2) 2000 年《黑龙江省建设工程预算定额》(土建部分);

(3) 2000 年《黑龙江省建筑安装工程费用定额》;

(4) 哈建发[2001]79 号文件;

(5) 其他有关经济文件。

3. 其他有关说明事项

(1) 本预算不包括电器照明及水暖部分和部分购买家具的项目。

(2) 在高级装饰预算定额中查找不到的项目,如在土建工程预算定额中有,则选套土建工程预算定额中的相应定额项目,并在定额编号前标上"土"字样。

(3) 如在高级装饰和土建工程预算定额中都不包含的工程项目,编制补充定额,并在定额编号位置上标注"补充"二字。

(4) 承、发包双方合同中签定施工期限为 2001 年 5 月 1 日~7 月 1 日,定价方式为可调价款,材料市场价格与预算价格的价差在结算中另行确定。人工费按 50 元/工日进行调增。

(5) 承包单位所在地位于哈尔滨市南岗区。

装饰工程预算造价汇总表

项次	工程费用名称	计费基础	费率%	金额(元)
(一)	直接费	按预算定额(估价表)计算的项目基价之和		60365.71
A	其中:人工费	按预算定额(估价表)计算的人工费之和		9740.64
(二)	综合费用	A	47	4578.10
(三)	利润	A	51	4967.73
(四)	有关费用	(1)+(2)		14091.93
(1)	集中供暖费等项费用	A	26.14	2546.20
(2)	人工费调增	A/22.88×50−A		11545.72
(五)	劳动保险基金	(一)+(二)+(三)+(四)	3.32	2788.92
(六)	工程定额编制管理费、劳动定额测定费	(一)+(二)+(三)+(四)	0.16	134.41
(七)	税金	(一)+(二)+(三)+(四)+(五)+(六)	3.44	2990.28
(八)	装饰工程预算造价	(一)+(二)+(三)+(四)+(五)+(六)+(七)		89917.07

工 程 预 算 表

工程名称：住宅装饰工程

序号	定额编号	分项工程名称	工程量 定额单位	工程量 数量	价值(元) 定额基价	价值(元) 金额	其中 人工费(元) 单价	其中 人工费(元) 金额	其中 材料费(元) 单价	其中 材料费(元) 金额	其中 机械费(元) 单价	其中 机械费(元) 金额
		客　厅										
1	4-12	木上人U形顶棚轻钢龙骨	100m²	0.26	2724.37	708.34	461.49	119.99	2262.88	588.35	0.00	0.00
2	4-65换	顶棚纸面石膏板面层	100m²	0.32	1474.31	471.78	355.15	113.65	1119.16	358.13	0.00	0.00
3	2-111	暗装石膏板窗帘盒	100m	0.06	6474.34	388.46	472.01	28.32	5971.17	358.27	31.16	1.87
4	4-81	石膏板缝贴牛皮纸带	100m	1.51	53.82	81.27	10.98	16.58	42.84	64.69	0.00	0.00
5	2-97换	80mm石膏棚角线	100m	0.27	432.47	116.77	137.22	37.05	286.76	77.43	8.49	2.29
6	2-114	窗帘轨安装	100m	0.06	1103.97	66.24	125.84	7.55	965.62	57.94	12.51	0.75
7	2-95	80mm门口木压线	100m	0.08	546.38	43.71	55.37	4.43	482.13	38.57	8.88	0.71
8	1-52	地面铺企口地板块	100m²	0.42	822.82	345.58	257.63	108.20	565.19	237.38	0.00	0.00
		企口地板块		135×105×0.42	5953.50	5953.50		0.00	3972.07	5953.50		
9	1-34	地面铺地毯	100m²	0.05	4315.27	215.76	343.20	17.16	3972.07	198.60	0.00	0.00
10	3-56	样木板包门口	100m²	0.04	8454.34	338.17	1399.34	55.97	7055.00	282.20	0.00	0.00
11	3-49	板门脚手制作、安装	100m²	0.11	21110.06	2322.11	3232.26	355.55	17475.53	1922.31	402.27	44.25
12	3-59	门锁安装	10把	0.6	51.82	31.09	42.10	25.26	0.00	0.00	9.72	5.83
		门锁		125×10.10×0.6	757.50	757.50		0.00		757.50		0.00
13	5-2	木材面刷防火漆	100m²	0.04	302.96	12.12	86.49	3.46	216.47	8.66	0.00	0.00
14	5-26	顶棚、墙面刷多彩涂料	100m²	0.85	794.83	675.61	107.54	91.41	677.17	575.59	10.12	8.60
15	土7-247	木踢脚线制作、安装	100m	0.27	1062.40	286.85	117.60	31.75	937.23	253.05	7.57	2.04
16	土11-193	木压线类润油粉…聚氨酯漆	100m	0.12	438.70	52.64	239.32	28.72	199.38	23.93	0.00	0.00
17	土11-194	木材面润油粉…聚氨酯漆	100m²	0.04	1664.34	66.57	621.19	24.85	1043.15	41.73	0.00	0.00
18	土11-191	木门润油粉…聚氨酯漆	100m²	0.11	2926.14	321.88	858.23	94.41	2067.91	227.47	0.00	0.00
		小　计：				13255.94		1164.30		12025.29		66.35

续表

序号	定额编号	分项工程名称	工程量 定额单位	工程量 数量	价值(元) 定额基价	价值(元) 金额	其中 人工费(元) 单价	其中 人工费(元) 金额	其中 材料费(元) 单价	其中 材料费(元) 金额	其中 机械费(元) 单价	其中 机械费(元) 金额
		书 房										
1	4-11	不上人U形顶棚轻钢龙骨	100m²	0.16	2110.77	337.72	405.43	64.87	1705.34	272.85	0.00	0.00
2	4-65	顶棚纸面石膏板面层	100m²	0.15	1392.35	208.85	273.19	40.98	1119.16	167.87	0.00	0.00
3	2-111	暗装石膏板窗帘盒	100m	0.03	6474.34	194.23	472.01	14.16	5971.17	179.14	31.16	0.93
4	4-81	石膏板缝贴牛皮纸带	100m	0.35	53.82	18.84	10.98	3.84	42.84	14.99	0.00	0.00
5	2-97换	80mm石膏棚角线	100m	0.16	432.47	69.20	137.22	21.96	286.76	45.88	8.49	1.36
6	2-114	窗帘轨安装	100m	0.03	1103.97	33.12	125.84	3.78	965.62	28.97	12.51	0.38
7	2-95	80mm门口、窗口木压线	100m	0.15	546.38	81.96	55.37	8.31	482.13	72.32	8.88	1.33
8	2-94	40mm木腰线	100m	0.03	493.53	14.81	55.37	1.66	429.28	12.88	8.88	0.27
9	1-52	地面铺企口地板块	100m²	0.16	822.82	131.65	257.63	41.22	565.19	90.43	0.00	0.00
		企口地板块		135×105×0.16		2268.00		0.00		2268.00		0.00
10	2-107	包窗台板	100m²	0.01	10100.58	101.01	764.88	7.65	9113.16	91.13	222.54	2.23
11	6-40	暖气罩制作、安装	10m²	0.3	835.69	250.71	83.97	25.19	732.62	219.79	19.10	5.73
12	5-2	木材面刷防火漆	100m²	0.04	302.96	12.12	86.49	3.46	216.47	8.66	0.00	0.00
13	5-26	顶棚、墙面刷多彩涂料	100m²	0.5	794.83	397.42	107.54	53.77	677.17	338.59	10.12	5.06
14	土7-247	木踢脚线制作、安装	100m	0.16	1062.40	169.98	117.60	18.82	937.23	149.96	7.57	1.21
15	土11-193	木压线类类润油粉…聚氨酯漆	100m	0.12	438.70	52.64	239.32	28.72	199.38	23.93	0.00	0.00
16	土11-194	木材面润油粉…聚氨酯漆	100m²	0.05	1664.34	83.22	621.19	31.06	1043.15	52.16	0.00	0.00
		小 计：				4425.46		369.43		4037.54		18.49

续表

序号	定额编号	分项工程名称	工程量		价值(元)		人工费(元)		其中 材料费(元)		机械费(元)	
			定额单位	数量	定额基价	金额	单价	金额	单价	金额	单价	金额
		主 卧 室										
1	2-112	明装窗帘盒	100m	0.03	5147.67	154.43	352.35	10.57	4764.16	142.92	31.16	0.93
2	2-99	120mm石膏压线	100m	0.15	671.43	100.71	81.68	12.25	580.87	87.13	8.88	1.33
3	2-114	窗帘轨安装	100m	0.03	1103.97	33.12	125.84	3.78	965.62	28.97	12.51	0.38
4	2-95	80mm门口、窗口木压线	100m	0.15	546.38	81.96	55.37	8.31	482.13	72.32	8.88	1.33
5	2-94	40mm木腰线	100m	0.03	493.53	14.81	55.37	1.66	429.28	12.88	8.88	0.27
6	1-52	地面铺企口地板块	100m²	0.16	822.82	131.65	257.63	41.22	565.19	90.43	0.00	0.00
		企口地板块		135×105×0.16		2268.00		0.00		2268.00		0.00
7	2-107	包窗台板	100m²	0.01	10100.58	101.01	764.88	7.65	9113.16	91.13	222.54	2.23
8	6-40	暖气罩制作、安装	10m²	0.3	835.69	250.71	83.97	25.19	732.62	219.79	19.10	5.73
9	5-2	木材面刷防火漆	100m²	0.04	302.96	12.12	86.49	3.46	216.47	8.66	0.00	0.00
10	5-26	顶棚、墙面刷多彩涂料	100m²	0.51	794.83	405.36	107.54	54.85	677.17	345.36	10.12	5.16
11	土7-247	木踢脚线制作、安装	100m	0.15	1062.40	159.36	117.60	17.64	937.23	140.58	7.57	1.14
12	土11-193	木压线类润油粉…聚氨酯漆	100m	0.19	438.70	83.35	239.32	45.47	199.38	37.88	0.00	0.00
13	土11-194	木材面油粉…聚氨酯漆	100m²	0.05	1664.34	83.22	621.19	31.06	1043.15	52.16	0.00	0.00
14	补充	衣柜制作	个	1	4000.00	4000.00	1000.00	1000.00	3000.00	3000.00	0.00	0.00
		小　计：				7879.80		1263.10		6598.21		18.49

111

续表

序号	定额编号	分项工程名称	工程量		价值(元)		其 中					
			定额单位	数量	定额基价	金额	人工费(元)		材料费(元)		机械费(元)	
							单价	金额	单价	金额	单价	金额
		卧 室										
1	2-112	明装窗帘盒	100m	0.05	5147.67	257.38	352.35	17.62	4764.16	238.21	31.16	1.56
2	2-99	120mm石膏压线	100m	0.17	671.43	114.14	81.68	13.89	580.87	98.75	8.88	1.51
3	2-114	窗帘轨安装	100m	0.05	1103.97	55.20	125.84	6.29	965.62	48.28	12.51	0.63
4	2-95	80mm门口、窗口木压线	100m	0.15	546.38	81.96	55.37	8.31	482.13	72.32	8.88	1.33
5	2-94	40mm木腰线	100m	0.05	493.53	24.68	55.37	2.77	429.28	21.46	8.88	0.44
6	1-52	地面铺企口地板块	100m²	0.18	822.82	148.11	257.63	46.37	565.19	101.73		0.00
		企口地板块	135×105×0.18			2251.50		0.00		2251.50		0.00
7	2-107	包窗台板	100m²	0.02	10100.58	202.01	764.88	15.30	9113.16	182.26	222.54	4.45
8	6-40	暖气罩制作、安装	10m²	0.47	835.69	392.77	83.97	39.47	732.62	344.33	19.10	8.98
9	5-2	木材面刷防火漆	100m²	0.06	302.96	18.18	86.49	5.19	216.47	12.99	0.00	0.00
10	5-26	顶棚、墙面刷多彩涂料	100m²	0.54	794.83	429.21	107.54	58.07	677.17	365.67	10.12	5.46
11	土7-247	木踢脚线制作、安装	100m	0.17	1062.40	180.61	117.60	19.99	937.23	159.33	7.57	1.29
12	土11-193	木压线类润油粉…聚氨酯漆	100m	0.24	438.70	105.29	239.32	57.44	199.38	47.58	0.00	0.00
13	土11-194	木材面润油粉…聚氨酯漆	100m²	0.07	1664.34	116.50	621.19	43.48	1043.15	73.02	0.00	0.00
		小 计:				4677.54		334.18		4317.71		25.65

续表

序号	定额编号	分项工程名称	工程量		价值(元)			其 中					
			定额单位	数量	定额基价	金额	人工费(元)		材料费(元)		机械费(元)		
							单价	金额	单价	金额	单价	金额	
		厨 房											
1	4-33	不上人铝合金方板龙骨	100m²	0.17	2961.62	503.48	527.16	89.62	2434.46	413.86	0.00	0.00	
2	4-85	铝合金方板嵌入式面层	100m²	0.17	13699.70	2328.95	592.59	100.74	13107.11	2228.21	0.00	0.00	
3	2-35	墙面贴瓷砖	100m²	0.44	4561.56	2007.09	1471.87	647.62	3019.31	1328.50	70.38	30.97	
4	1-14	地面铺地砖	100m²	0.17	4734.65	804.89	662.83	112.68	4016.92	682.88	54.90	9.33	
5	补充	操作台	m	5.26	3600.00	18936.00	900.00	4734.00	2700.00	14202.00	0.00	0.00	
		小 计:				24580.40		5684.66		18855.44		40.30	
		卫 生 间											
1	4-74	顶棚塑料扣板吊顶	100m²	0.07	4600.39	322.03	733.76	51.36	3866.63	270.66	0.00	0.00	
2	2-35	墙面贴瓷砖	100m²	0.30	4561.56	1368.47	1471.87	441.56	3019.31	905.79	70.38	21.11	
3	1-14	地面铺地砖	100m²	0.08	4734.65	378.77	662.83	53.03	4016.92	321.35	54.90	4.39	
4	6-59	玻璃镜	10m²	0.15	3548.60	532.29	64.98	9.75	3477.86	521.68	5.76	0.86	
5	6-73	大理石洗漱台	个	1.00	428.56	428.56	93.35	93.35	335.21	335.21	0.00	0.00	
6	6-80	不锈钢贴手纸盒	10个	0.10	262.41	26.24	34.32	3.43	228.09	22.81	0.00	0.00	
7	6-81	皂盒	10个	0.10	91.60	9.16	34.32	3.43	57.28	5.73	0.00	0.00	
8	6-82	浴巾架	10个	0.10	1164.03	116.40	41.18	4.12	1122.85	112.29	0.00	0.00	
9	6-78	不锈钢毛巾杆	100根	0.01	5054.66	50.55	49.42	0.49	5000.96	50.01	4.28	0.04	
		小 计:				3232.47		660.52		2545.53		26.41	

续表

序号	定额编号	分项工程名称	工程量			价值(元)		其中					
			定额单位	数量	定额基价	金额	人工费(元)		材料费(元)		机械费(元)	
							单价	金额	单价	金额	单价	金额
		阳 台											
1	4-74	顶棚塑料扣板吊顶	100m²	0.07	4600.39	322.03	733.76	51.36	3866.63	270.66	0.00	0.00
2	2-38	墙面贴釉面砖	100m²	0.15	6281.47	942.22	1300.27	195.04	4963.99	744.60	17.15	2.57
3	1-52	地面铺企口地板块	100m²	0.07	822.82	57.60	257.63	18.03	565.19	39.56	0.00	0.00
		企口地板块	135×105×0.07			992.25		0.00		992.25		0.00
		小 计：				2314.10		264.44		2047.08		2.57
		合 计：				60365.71		9740.64		50426.79		198.27

114

工料分析表(部分工程)

工程名称:住宅装饰工程

序号	定额编号	分项工程名称	单位	工程量	人工(工日) 定额	合计	轻钢大龙骨h45(m) 定额	合计	纸面石膏板(m²) 定额	合计	主要材料 石膏板(m²) 定额	合计	牛皮纸带(m) 定额	合计	80mm石膏压线(m) 定额	合计	铝合金窗帘轨(m) 定额	合计
1	4-12	木上人U形顶棚轻钢龙骨	100m²	0.26	20.17	5.24	178.06	46.30										
2	4-65换	顶棚纸面石膏板	100m²	0.32	11.94	3.82			105.00	33.60								
3	2-111	暗装石膏板窗帘盒	100m	0.06	20.63	1.24					53.50	3.21						
4	4-81	石膏板缝贴牛皮纸带	100m	1.51	0.48	0.72							102.00	154.02				
5	2-97换	80mm石膏棚角线	100m	0.27	3.57	0.96									105.00	28.35		
6	2-114	窗帘轨安装	100m	0.06	5.50	0.33											114.00	6.84
		小 计:				12.32		46.30		33.60		3.21		154.02		28.35		6.84

序号	定额编号	分项工程名称	单位	工程量	人工(工日) 定额	合计	80mm门口木压线(m) 定额	合计	企口木地板块(m²) 定额	合计	主要材料 地毯(m²) 定额	合计	榉木板(m²) 定额	合计	柚木夹板(m²) 定额	合计	门锁(把) 定额	合计
7	2-95	80mm门口木压线	100m	0.08	2.42	0.19	105.00	8.40										
8	1-52	地面铺企口地板块	100m²	0.42	11.26	4.73			105.00	44.10								
9	1-34	地面铺地毯	100m²	0.05	15.00	0.75					103.00	5.15						
10	3-56	榉木板包门口	100m²	0.04	61.16	2.45							105.00	4.20				
11	3-49	板门起鼓贴面	100m²	0.11	141.27	15.54									220.13	24.21		
12	3-59	门锁安装	10把	0.60	1.84	1.10											10.10	6.06
		小 计:				24.76		8.40		44.10		5.15		4.20		24.21		6.06

住宅装饰工程量计算表

序号	定额编号	分项工程名称	计 算 式	单位	工程量
		客 厅			
1	4-12	不上人U形顶棚轻钢龙骨	$5.76 \times 6.96 + 0.9 \times 1.73 -$ 不吊部分 3.67×4.4	m²	25.50
2	4-65换	顶棚纸面石膏板面层	$25.5 +$ 藻井 $0.15 \times 0.5 \times 4 \times 4 +$ 光沿 $0.07 \times (3.67 + 4.4) \times 2 + 0.07 \times (3.83 + 4.56) \times 2 +$ 挡板 $0.26 \times (4.07 + 4.8) \times 2 -$ 窗帘盒 0.2×5.76	m²	32.46
3	2-111	暗装石膏板窗帘盒	5.76	m	5.76
4	4-81	石膏板缝贴牛皮纸带	按施工组织设计：房间周长 $(5.76 + 0.9) \times 2 + 6.76 \times 2 = 26.84$ (m)		
			藻井 $(0.5 \times 4) \times 2 \times 4 = 16$ (m)		
			光沿 $(3.67 + 4.4) \times 2 \times 2 = 32.28$ (m)		
			$(3.83 + 4.56) \times 2 \times 2 = 33.56$ (m)		
			挡板 $(4.07 + 4.8) \times 2 = 17.74$ (m)		
			套割板等 $0.6 \times 7 + 1.73 \times 5 + 5.76 \times 2 + 0.14 \times 3 = 24.79$ (m)		
			小计：$26.84 + 16 + 32.28 + 33.56 + 17.74 + 24.79 = 151.21$	m	151.21
5	2-97换	80mm石膏棚角线	$(5.76 + 0.9) \times 2 + 6.76 \times 2$	m	26.84
6	2-114	窗帘轨安装	5.76	m	5.76
7	2-95	80mm门口木压线	$(3 + 0.08) + (2.3 + 0.04) \times 2$	m	7.76
8	1-52	地面铺企口地板块	$5.76 \times 6.96 + 0.9 \times 1.73$	m²	41.65
9	1-34	地面铺地毯	2×2.5	m²	5.00
10	3-56	榉木板包门口	$0.5 \times 2.3 \times 2 + 3 \times 0.5$	m²	3.80
11	3-49	板门起鼓贴面	$0.9 \times 2 \times 6$	m²	10.80
12	3-59	门锁安装	6	把	6.00
13	5-2	板材刷防火漆	3.8	m²	3.80
14	5-26	顶棚、墙面刷多彩涂料	顶棚 32.46 (m²)		
			A面墙：$5.76 \times 2.8 -$ 空圈 $3.16 \times 2.38 -$ 踢脚 $2.6 \times 0.12 = 8.295$ (m²)		
			墙垛 $0.9 \times 2.54 -$ 踢脚 $0.9 \times 0.12 = 2.178$ (m²)		
			B面墙：$6.69 \times 2.54 + 0.26 \times 0.2 -$ 门 $1.06 \times 2.08 \times 2 -$ 踢脚 $4.84 \times 0.12 = 12.74$ (m²)		
			C面墙：$(5.76 + 0.9) \times 2.54 -$ 门 $1.06 \times 2.08 \times 2 -$ 踢脚 $4.54 \times 0.12 = 11.962$ (m²)		
			D面墙：$6.96 \times 2.54 + 0.26 \times 0.2 -$ 门 $1.06 \times 2.08 \times 2 -$ 踢脚 $4.84 \times 0.12 = 12.74$ (m²)		
			窗帘盒等：$(0.4 + 0.14) \times 5.76 + 5.76 \times 0.2 = 4.262$ (m²)		
			小计：$32.46 + 8.295 + 2.178 + 12.74 + 11.962 + 12.74 + 4.262 = 84.637$	m²	84.64

续表

序号	定额编号	分项工程名称	计 算 式	单位	工程量
15	土7-247	木踢脚线制作、安装	$(5.76+0.9+6.96)\times 2$	m	27.24
16	土11-193	木压线类润油聚氨酯漆	$(27.24+7.76)\times 0.35$	m	12.25
17	土11-194	木材面润油…聚氨酯漆	3.8	m²	3.80
18	土11-191	木门润油…聚氨酯漆	10.8	m²	10.80
		书 房			
1	4-11	不上人U形顶棚轻钢龙骨	3.36×4.62	m²	15.52
2	4-65	顶棚纸面石膏板面层	$3.36\times 4.62-$窗帘盒0.2×3.36	m²	14.85
3	2-111	暗装石膏板窗帘盒	3.36	m	3.36
4	4-81	石膏板缝贴牛皮纸带	按施工组织设计：房间周长$(3.36+4.42)\times 2=15.56$（m）		
			套割板等$3.36+4.42\times 2+3.36\times 2+0.14\times 3=19.34$（m）		
			小计：$15.56+19.34=34.90$	m	34.90
5	2-97换	80mm石膏棚角线	$(3.36+4.42)\times 2$	m	15.56
6	2-114	窗帘轨安装	3.36	m	3.36
7	2-95	80mm门口、窗口木压线	门$[(0.9+0.08)+(2+0.04)\times 2]\times 2=10.12$（m）		
			窗$(1.8+0.08)+(1.4+0.04)\times 2=4.76$（m）		
			小计：$10.12+4.76=14.88$	m	14.88
8	2-94	40mm木腰线	3.36	m	3.36
9	1-52	地面铺企口地板块	3.36×4.62	m²	15.52
10	2-107	包窗台板	$0.2\times 3.36+0.3\times 1.8$	m²	1.21
11	6-40	暖气罩制作、安装	3.36×0.9	m²	3.02
12	5-2	木材面刷防火漆	窗台板1.21（m²）		
			暖气罩3.02（m²）		
			小计：$1.21+3.02=4.23$	m²	4.23
13	5-26	顶棚、墙面刷多彩涂料	顶棚14.85（m²）		
			A墙$3.36\times 2.8-$窗$1.96\times 1.48-$暖气罩$3.36\times 0.9=3.483$（m²）		
			B墙$4.62\times 2.6+0.2\times 0.2-$门$1.06\times 2.08\times 1-$踢脚$3.36\times 0.12-$暖气罩侧面$0.9\times 0.2=9.264$（m²）		
			C墙$3.36\times 2.6-$踢脚$3.36\times 0.12=8.333$（m²）		
			D墙$4.62\times 2.6+0.2\times 0.2-$踢脚$4.42\times 0.12-$暖气侧面$0.9\times 0.2=11.342$（m²）		
			窗帘盒等$(0.34+0.14)\times 3.36+3.36\times 0.2=2.285$（m²）		
			小计：$14.85+3.483+9.264+8.333+11.342+2.285=49.557$	m²	49.56

续表

序号	定额编号	分项工程名称	计 算 式	单位	工程量
14	土7-247	木踢脚线制作、安装	$(4.42+3.36)\times 2$	m	15.56
15	土11-193	木压线润油…聚氨酯漆	80mm木压线 $14.88\times 0.35=5.208$（m）		
			40mm木腰线 $3.36\times 0.35=1.176$（m）		
			木踢脚线 $15.56\times 0.35=5.446$（m）		
			小计：$5.208+1.176+5.446=11.83$	m	11.83
16	土11-194	木材面润油…聚氨酯漆	窗台板 $1.21\times 0.82=0.992$（m²）		
			暖气罩 $3.02\times 1.28=3.866$（m²）		
			小计：$0.992+3.866=4.858$	m²	4.86
		主 卧 室			
1	2-112	明装窗帘盒	3.36	m	3.36
2	2-99	120mm石膏压线	$3.36\times 2+(4.86-$窗帘盒$0.2-$衣柜$0.5)\times 2=15.04$	m	15.04
3	2-114	窗帘轨安装	3.36	m	3.36
4	2-95	80mm门口、窗口压线	门 $(0.98+2.04\times 2)\times 2=10.12$（m）		
			窗 $(1.8+0.08)+(1.4+0.04)\times 2=4.76$（m）		
			小计：$10.12+4.76=14.88$	m	14.88
5	2-94	40mm木腰线	3.36	m	3.36
6	1-52	地面铺企口地板块	$3.36\times 4.86=16.33$	m²	16.33
7	2-107	包窗台板	$0.2\times 3.36+0.3\times 1.8=1.21$	m²	1.21
8	6-40	暖气罩制作、安装	$3.36\times 0.9=3.02$	m²	3.02
9	5-2	木材面刷防火漆	窗台板 1.21（m²）		
			暖气罩 3.02（m²）		
			小计：$1.21+3.02=4.23$	m²	4.23
10	5-26	顶棚、墙面刷多彩涂料	顶棚 $3.36\times 4.36=14.65$（m²）		
			A墙 $3.36\times 2.8-$窗$1.96\times 1.48-$暖气罩$3.36\times 0.9=3.483$（m²）		
			B墙 $4.86\times 2.8-$踢脚$4.16\times 0.12-$暖气罩侧面0.9×0.2 $=12.929$（m²）		
			C墙 $3.36\times 2.8=9.408$（m²）		
			D墙 $4.86\times 2.8-$踢脚$3.1\times 0.12-$暖气侧面$0.9\times 0.2-$门1.06 $\times 2.08=10.851$（m²）		
			小计：$14.65+3.483+12.929+9.408+10.851=51.321$	m²	51.32

续表

序号	定额编号	分项工程名称	计 算 式	单位	工程量
11	土7-247	木踢脚线制作、安装	$(4.16+3.36)\times 2=15.04$	m	15.04
12	土11-193	木压线润油…聚氨酯漆	80mm木压线$14.88\times 0.35=5.208$（m）		
			40mm木腰线$3.36\times 0.35=1.176$（m）		
			木踢脚线$15.04\times 0.35=5.264$（m）		
			窗帘盒$3.38\times 2.04=6.854$（m）		
			小计：$5.208+1.176+5.264+6.854=18.502$	m	18.50
13	土11-194	木材面润油…聚氨酯漆	窗台板$1.21\times 0.82=0.992$（m²）		
			暖气罩$3.02\times 1.28=3.866$（m²）		
			小计：$0.992+3.866=4.858$	m²	4.86
14	补充	衣柜制作	1	个	1.00
		卧　室			
1	2-112	明装窗帘盒	5.22	m	5.22
2	2-99	120mm石膏压线	$5.22\times 2+3.16\times 2=16.76$	m	16.76
3	2-114	窗帘轨安装	5.22	m	5.22
4	2-95	80mm门口、窗口压线	门$(0.98+2.04\times 2)\times 2=10.12$（m）		
			窗$(2.1+0.08)+(1.4+0.04)\times 2=5.06$（m）		
			小计：$10.12+5.06=15.18$	m	15.18
5	2-94	40mm木腰线	5.22	m	5.22
6	1-52	地面铺企口地板块	$5.22\times 3.36=17.54$	m²	17.54
7	2-107	包窗台板	$0.2\times 5.22+0.3\times 2.1=1.67$	m²	1.67
8	6-40	暖气罩制作、安装	$5.22\times 0.9=4.70$	m²	4.70
9	5-2	木材面刷防火漆	窗台板1.67（m²）		
			暖气罩4.70（m²）		
			小计：$1.67+4.70=6.37$	m²	6.37
10	5-26	顶棚、墙面刷多彩涂料	顶棚$3.36\times 5.22=17.539$（m²）		
			A墙：$5.22\times 2.8-$门$1.06\times 2.08-$踢脚$4.16\times 0.12=11.912$（m²）		
			B墙：$3.36\times 2.8-$踢脚$3.16\times 0.12-$暖气罩侧面$0.9\times 0.2=8.849$（m²）		
			C墙：$5.22\times 2.8-$窗$2.26\times 1.48-$暖气罩$5.22\times 0.9=6.573$（m²）		
			D墙：$3.36\times 2.8-$踢脚$3.16\times 0.12-$暖气侧面$0.9\times 0.2=8.849$（m²）		
			小计：$17.539+11.912+8.849+6.573+8.849=53.722$	m²	53.72

续表

序号	定额编号	分项工程名称	计 算 式	单位	工程量
11	土 7-247	木踢脚线制作、安装	$(5.22+3.16) \times 2 = 16.76$	m	16.76
12	土 11-193	木压线润油…聚氨酯漆	$_{80mm木压线}15.18 \times 0.35 = 5.313$ （m）		
			$_{40mm木腰线}5.22 \times 0.35 = 1.827$ （m）		
			$_{木踢脚线}16.76 \times 0.35 = 5.866$ （m）		
			$_{窗帘盒}5.22 \times 2.04 = 10.649$ （m）		
			小计：$5.313 + 1.827 + 5.866 + 10.649 = 23.655$	m	23.66
13	土 11-194	木材面润油…聚氨酯漆	$_{窗台板}1.67 \times 0.82 = 1.369$ （m²）		
			$_{暖气罩}4.7 \times 1.28 = 6.016$ （m²）		
			小计：$1.369 + 6.016 = 7.385$	m²	7.39
		厨 房			
1	4-33	不上人铝合金方板龙骨	$4.92 \times 3.36 = 16.53$	m²	16.53
2	4-85	铝合金方板嵌入式顶棚	16.53	m²	16.53
3	2-35	墙面贴瓷砖	$(4.92+3.36) \times 2 \times 2.8 -_{窗}2.25 \times 1.4 -_{门}0.9 \times 2 +_{窗梁}0.3 \times (1.4+2.25) \times 2 +_{门梁}0.12 \times (2 \times 2 + 0.9) = 44.20$	m²	44.20
4	1-14	地面铺地砖	$4.92 \times 3.36 +_{门}0.12 \times 0.9 = 16.64$	m²	16.64
5	补充	操作台	$3.36 + 1.9 = 5.26$	m	5.26
		卫 生 间			
1	4-74	顶棚塑料扣板吊顶	$3.36 \times 2.22 = 7.46$	m²	7.46
2	2-35	墙面贴瓷砖	$(3.36+2.22) \times 2 \times 2.8 -_{门}0.9 \times 2 +_{门梁}0.12 \times (2 \times 2 + 0.9) = 30.04$	m²	30.04
3	1-14	地面铺地砖	$3.36 \times 2.22 +_{门}0.12 \times 0.9 = 7.57$	m²	7.57
4	6-59	玻璃镜	$1.5 \times 1 = 1.5$	m²	1.50
5	6-73	大理石洗漱台	1	个	1.00
6	6-80	不锈钢手纸盒	1	个	1.00
7	6-81	皂盒	1	个	1.00
8	6-82	浴巾架	1	个	1.00
9	6-78	不锈钢毛巾杆	1	根	1.00
		阳 台			
1	4-74	顶棚塑料扣板吊顶	$5.76 \times 1.24 = 7.14$	m²	7.14
2	2-38	墙面贴釉面砖	$1.25 \times 2 \times 2.8 + (1.24 \times 2 + 5.76) \times 1 = 15.24$	m²	15.24
3	1-52	地面铺企口地板块	$5.76 \times 1.24 = 7.14$	m²	7.14

思 考 题 与 习 题

5-1 什么是施工图预算？其作用是什么？
5-2 施工图预算分为几种类型？每种类型包括哪些预算？
5-3 编制施工图预算的依据是什么？
5-4 计算工程量的顺序有几种？计算工程量应注意哪些事项？
5-5 如何计算各类工程项目的建筑面积？
5-6 掌握各分项工程有关规定。
5-7 掌握各分项工程工程量计算方法。
5-8 楼地面铺地砖工程量如何计算？
5-9 楼梯面层铺花岗石工程量如何计算？
5-10 大理石踢脚板工程量如何计算？
5-11 墙面贴瓷砖工程量如何计算？
5-12 榉木墙裙工程量如何计算？
5-13 铝合金门窗制作与安装工程量如何计算？
5-14 不锈钢片包门框工程量如何计算？
5-15 轻钢龙骨吊顶顶棚，龙骨工程量如何计算？
5-16 顶棚纸面石膏板面层工程量如何计算？
5-17 墙面裱糊壁纸工程量如何计算？
5-18 金属字安装工程量如何计算？
5-19 满堂脚手架工程量以及增加层数如何计算？
5-20 编制装饰工程预算的准备工作有哪些？
5-21 装饰工程施工图预算的编制方法有哪些？它们的概念是什么？
5-22 什么是工料分析？工料分析的作用是什么？如何进行工料分析？
5-23 装饰工程施工图预算主要包括哪些内容？

第六章　建筑装饰工程结算

第一节　工程结算的基本原理

建筑装饰施工企业完成装饰施工任务后，按照工程施工合同的规定，向建设单位办理工程价款结算。

工程结算虽属于商品结算的一种形式，但由于建筑装饰具有产品固定、生产周期长、耗费资金大等技术经济的特点，导致其结算付款方式与其他商品的结算付款方式不同。其它商品付款一般是一次性付清，或者是先交定金，然后交货时全部付清价款。而建筑装饰产品的付款方式比较复杂，施工企业通常在施工过程中，在一定时期根据工程进度完成工程量的价值，向建设单位办理工程价款中间结算；当施工企业完成全部施工任务后，按照工程合同规定，向建设单位办理工程竣工价款结算。由于建筑装饰产品采取逐次付款的方式，这样有利于施工企业及时收取工程价款，用于后续工程施工所需的资金，既达到了工程资金的合理周转，又保证了建筑装饰产品的顺利完成。

一、工程结算的编制原则

(1) 具备结算条件的项目，方能编制工程结算书。

办理工程结算，必须是已完的装饰项目，并经有关部门验收合格之后，才能编制工程结算书。对于未完的工程不能办理工程结算。工程质量不合格的应返工，待质量合格后方能结算。返工消耗的工程费用，不能列入工程结算。

(2) 施工企业应实事求是地确定装饰工程造价，避免巧立名目、高估乱要的不合理现象。

工程结算一般是在施工图预算或合同价的基础上，根据施工中所发生更改变动的实际情况，调整、修改预算或合同价进行编制。所以，在工程结算中要实事求是，该调增的调增，该调减的调减，做到既合理又合法，正确地确定工程结算价款。

(3) 严格按照国家或地区的定额、单位估价表、取费标准、调价系数及工程合同的要求编制工程结算书。

(4) 编制工程结算书，应按编制程序和方法进行工作。

二、工程结算的编制依据

(1) 工程竣工报告及工程竣工验收单。

(2) 招投标文件、施工图预算及工程合同或协议书。

(3) 设计变更通知单和施工现场变更签证。

(4) 按照有关部门规定及合同中有关条文规定，持凭据进行结算的原始凭证。

(5) 国家或地区现行的预算定额、单位估价表、费用定额及有关文件规定。

(6) 其他有关技术资料及现场施工记录。

三、装饰工程的结算方式

装饰工程结算方式可分为中间结算和竣工结算，而中间结算又可分为定期结算、分段结算和年终结算。

（一）中间结算

由于建筑装饰产品施工周期长，耗费的资金较大，为了使施工企业在施工中耗用的资金及时得到补偿，正确反映工程进度和建设单位投资完成情况，一般不能等到工程全部竣工后才结算工程价款（特别是工程施工期长、费用大的项目）。而是要对工程价款实行施工期间的中间结算，即在施工过程中按完成施工进度工程量的价值，及时向建设单位办理已完部分的工程价款结算。

1. 定期结算（又称工程价款月结算）

定期结算是指每月终了按已完的分部分项工程进度进行一次结算的方法。即按每月完成的工程量，乘预算定额或单位估价表基价（单价），再根据费用定额规定的各项费率计算出其他直接费、现场经费、间接费、利润和税金，汇总后即为本月完成的工程价款。

定期结算的具体方法有以下几种：①月初预支，月末结算；②月中预支，月末结算；③分旬预支，月末结算；④月内不预支，月末一次结算。

（1）工程款预支

工程款预支的时间不论在月初或月中还是分旬，都应办理工程价款预支手续。由施工企业根据施工进度作业计划填制预支工程价款的凭证，列明工程项目名称、预算造价、本月计划完成额等资料，经监理工程师和建设单位同意签证后，转送银行办理付款手续。一般预支工程款数额以当月计划产值（工作量）的50%为限。

（2）工程价款月末结算

工程价款月末结算是以已完的分部分项工程为结算对象。施工企业通过实地盘点后编制"已完工程量月报表"；然后以预算定额基价和有关取费标准及规定计算已完工程价款，编制"月工程价款结算账单"，经监理工程师和建设单位审查签证同意后，转送银行办理月末结算。

对于采用月初或月中或分旬预支方式的，银行应把预支款抵作工程价款，从应收工程款中扣除；对于月内不预支，月末一次结算的，则按当月实际完成的工程价款结算。对于主要材料所需资金，采用预收备料款制度的，还需确定备料款的起扣点和每次扣款额。

2. 分段结算

分段结算是指按工程施工形象进度预支，完成规定的形象进度后进行结算的方式。这种方式是按工程的不同性质和特点，以单位工程为对象，划分出若干个施工段落（即形象进度部位），经过具体测算，确定出每个施工段落的造价占单位工程全部造价的比重。每次预支工程款是以所施工的段落的比重乘该单位工程的全部预算造价，送监理工程师和建设单位审查签证后，转送银行办理预支工程款。

施工段落的划分标准，可由各地区或工程实际确定。一般以基础工程、地下室工程、屋面工程和装饰工程（有高级装饰的，一般装饰和高级装饰分列）各为一段，±0.00m以上主体结构每1层~3层为一段。对于高级装饰工程，外装饰可以划分为一个施工段落或若干个施工段落；室内高级装饰可以按一个楼层为一个施工段落，也可以将几个楼层合并为一个施工段落，这要取决于工程实际情况进行划分。

根据工程规模、工期长短、技术复杂程度，分段结算在具体作法上可分为以下两种：

（1）按施工段落预支，按施工段落结算

按照前面所述的预支方法进行工程价款预支，每一段工程完成后，编制该段工程量报表，然后以预算定额基价和有关取费标准及规定计算该段工程价款，编制工程价款结算账单，经监理工程师和建设单位审核签字后，转送银行办理施工段落结算。

(2) 按施工段落分次预支，完工后一次结算

对投资少、工期短和技术比较简单的工程，为简化结算手续，可采取按施工段落分次预支，待工程全部完工后一次结算（这种方式不进行施工段落结算）。

采用分段结算时，银行应把预支款抵作工程价款，从应收工程价款中扣除。对于在开工前收取备料款的工程，还需确定备料款的起扣点和每次扣款额。

分段结算与定期结算的区别在于，分段结算的时间不定期，它是什么时候完成规定的施工段落，就什么时候进行结算。而定期结算的时间比较固定，每月进行一次结算。

3. 年终结算

年终结算是指工程在本年度不能竣工，而要转入下年度继续施工。为了正确反映本年度施工企业的经营成果和投资完成程度，年终时由施工企业会同建设单位，对在建工程进行已完工程量的盘点，结清本年度工程价款。如果建设单位投资不受年度限制，不要求盘点，则施工单位可以自行盘点。而建设单位可以根据定期结算或分段结算的工程价款，累计汇总至年度上报。

(二) 竣工结算

竣工结算是施工企业所承包的工程按照施工合同规定的内容全部完成后，在原施工图预算或合同价的基础上，根据施工中更改变动等实际情况，编制调整预算或合同价，向建设单位办理最后工程价款结算。

建筑装饰工程竣工验收后，施工企业要及时整理交工技术资料，主要工程应绘制竣工图，并编制竣工结算书，送监理工程师和建设单位审查签章后，通过建设银行办理结算。

竣工结算是确定建筑装饰工程实际工程造价的经济文件，是施工企业统计竣工率和核算工程成本的依据，是建设单位落实投资完成额的依据，是结算工程价款和施工企业与建设单位从财务方面处理账务往来的依据，也是工程竣工决算的依据。

对于工程规模较小、工期较短（一般不超过 3 个月）、投资不大（一般在 100 万元以下），或者当年开工、当年竣工，而且施工企业的资金满足施工需要，工程施工也可以不进行中间结算，待工程全部竣工后一次结算。

对于工程规模较大、工期较长、投资较多的建筑装饰工程，应按工程进度情况实行中间结算的方式，但中间结算的总额不应超过工程总价值的 90%，其余 10% 的工程尾款到工程竣工后结算。

四、装饰工程的结算方法

装饰工程的结算方法，应按工程合同规定执行。通常有施工图预算加签证结算、施工图预算加系数包干结算、投标合同价加签证结算和平方米造价包干结算等四种方法。

(一) 施工图预算加签证结算

由于施工图预算是在开工前编制的，对于在施工中难以预料和避免发生的各种因素，编制施工图预算时未考虑。按工程合同规定，凡施工图预算未包括的，在施工过程中发生的历次工程变更所增减的费用、各种材料（构配件）预算价格与实际价格的差价、国家规

定的人工工资调整等，经设计、监理工程师和建设单位签证后，与审定的施工图预算一起在竣工结算中进行调整。这种结算方法，难以预先估计总的费用变化幅度，往往会造成追加工程投资的现象。

（二）施工图预算加系数包干结算（简称预算包干结算）

对于在预算定额中未包括的，在施工过程中又难以避免发生的各种客观因素，采取预算包干系数的方式，在编制施工图预算的同时，另外计取预算外包干费。

$$预算外包干费 = 施工图预算造价 \times 包干系数$$

$$结算工程造价 = 施工图预算造价 \times (1 + 包干系数)$$

式中，包干系数由本地区造价主管部门根据工程复杂程度，制定出包干系数的范围，施工企业与建设单位签订合同时，由双方协商确定。在合同中预算包干费要明确包干内容及范围。

（三）投标合同价加签证结算

投标合同价是指经过建设单位、招投标主管部门对标底和施工企业的投标报价，进行综合评定后确定的中标价，以合同的形式固定下来。

对于合同中未包括的条款，在施工过程中发生的历次工程变更所增减的费用，经监理工程师和建设单位签证后，与原投标合同价一起结算。

（四）平方米造价包干结算

它是建设单位与施工单位双方，根据现时已完类似工程的资料，签订合同时协商确定每平方米单方造价指标。工程竣工后按单方造价指标乘以建筑面积，确定结算工程造价。

五、工程备料款的确定和扣还

（一）工程备料款的确定

工程备料款（又称工程预付款）是为了保证工程顺利开工，在工程开工前，建设单位按照合同规定，向施工企业预先支付一定数额的工程款，用于备料和施工准备工作。

施工企业向建设单位预收工程备料款的数额，取决于主要材料（包括构配件）占建筑装饰工作量的比重、材料储备期和施工期诸因素。其计算公式如下：

$$预收工程备料款 = \frac{年度装饰工作量 \times 主要材料比重（\%）}{年度施工日历天数 \times 材料储备日数}$$

上式中，材料储备日数，可根据当地材料供应情况确定。

如果按上述公式计算预收工程备料款，确定主要材料比重和材料储备日数不太方便，也可按简便方法计算预收工程备料款，其计算公式如下：

$$预收工程备料款 = 年度计划工作量 \times 工程备料款额度$$

式中　　$$年度计划工作量 = \frac{工程总造价}{合同总工期}$$

$$工程备料款额度 = \frac{预收备料款金额}{年度计划工作量} \times 100\%$$

在实际工作中，工程备料款的额度，通常是由各地区根据装饰工程类型、档次、施工期限、供应体制等条件分别统一规定的。一般为当年建筑装饰工作量的 25%～30%，对于大量需要订购的材料和设备，可以适当增加。

【例 6-1】 某施工企业承包某建设单位的建筑装饰工程,当年计划工作量为 600 万元,双方签订合同中规定,工程备料款额度按 25% 计算,确定本年度预收工程备料款。

【解】 预收工程备料款 = 6000000 × 25% = 1500000(元)

(二)工程备料款的扣还

工程备料款是按全部装饰工作量所需要的储备材料计算的,因而随着工程的进展,材料储备随之减少,相应备料款也减少。因此,预收的备料款应当陆续扣还,并在工程全部竣工前扣完。

1. 确定工程备料款的起扣点

确定工程备料款开始抵扣的时间(起扣点),应该以未施工工程所需主要材料及设备的耗用额度刚好同备料款额度相等为原则,也就是未完工程的主要材料、设备费,刚好等于工程备料款时开始起扣。在实际工作中,备料款的起扣点,有的是由施工企业与建设单位根据具体情况商定的,也有的是由本地区统一规定。

(1)工程备料款的起扣点按工程已完成进度的百分比确定:

$$工程备料款的起扣点 = \left[1 - \frac{预收备料款额度(\%)}{主要材料占装饰工作量的比重(\%)}\right] \times 100\%$$

【例 6-2-1】 以例 6-1 为例,该工程主要材料占装饰工作量的比重为 57%,计算其工程备料款的起扣点。

【解】 $工程备料款的起扣点 = \left(1 - \frac{25\%}{57\%}\right) \times 100\% \approx 56\%$

当工程进度达到 56% 时,开始扣还备料款。这时未完工程的 44% 所需主要材料耗用额度为:44% × 57% = 25.08%,刚好与本工程备料款额度 25% 相近。随着工程施工的继续,主要材料逐渐耗用,其储备可以随之减少,因而预收备料款应陆续扣还。

(2)工程备料款的起扣点按工程已完成的工作量确定:

$$工程备料款的起扣点 = 装饰工程年度计划工作量 - \frac{预收工程备料款}{主要材料占装饰工作量比重(\%)}$$

【例 6-2-2】 以例 6-1 为例,该工程主要材料占装饰工作量的比重为 57%,计算其工程备料款的起扣点。

【解】 $工程备料款的起扣点 = 6000000 - \frac{1500000}{57\%} = 3368421.05$ 元(取 336 万元)

当工程进度款完成 336 万元时,开始扣还备料款。这时未完成的工程款 264 万元中所需主要材料费为:264 × 57% = 150.48 万元,刚好与工程备料款 150 万元相近。

2. 确定扣还预收备料款的数额

扣还预收备料款的数额,应根据年度计划工作量、每次中间结算的工程进度等情况进行计算。

(1)第一次扣还预收备料款的数额:

应扣还预收备料款数额 = 年度计划工作量 × [到本期止累计完成的进度(%) - 工程备料款的起扣点(%)] × 主要材料占装饰工作量的比重(%)

或 应扣还预收备料款数额 = (到本期止累计结算完成的工作量 - 工程备料款的起扣点)× 主要材料占装饰工作量的比重(%)

【例 6-3-1】 仍以例 6-1 为例,若本工程从 3 月开工至 5 月工程进度累计为 75%,由

【例 6-2-1】 得知预收备料款起扣点为 56%。根据前面例题已知年度计划工作量为 600 万元，主要材料占装饰工作量的比重为 57%，计算本期结算应扣还预收备料款的数额。

【解】 由于已完工程进度为 75%，超过工程备料款的进度 56%，所以从 5 月份起应扣还预收备料款。

应扣还预收备料款的数额 = 6000000 ×（75% − 56%）× 57% = 649800 元

【例 6-3-2】 以例 6-1 为例，若本工程从 3 月开工至 5 月累计完成的工作量为 450 万元，由例 6-2-2 得知预收备料款起扣点为 336 万元，主要材料占装饰工作量的比重为 57%，计算本期结算应扣还预收备料款的数额。

【解】 应扣还预收备料款的数额 =（4500000 − 3360000）× 57% = 649800 元

（2）第二次及以后各次扣还预收备料款的数额：

应扣还预收备料款数额 = 本次结算完成的工作量 × 主要材料占装饰工作量的比重（%）

【例 6-4】 以例 6-1 为例，本工程 6 月份完成的工作量为 85 万元，主要材料占装饰工作量的比重为 57%，计算 6 月份应扣还预收备料款的数额。

【解】应扣还预收备料款的数额 = 850000 × 57% = 484500 元

六、工程进度款的收取

在中间结算时，应根据每次结算完成的工程量，然后以预算定额基价和有关取费标准及规定计算本月或本段落的工程进度价款。对预收备料款的工程，当达到预收备料款的起扣点时，则应从工程进度款中减去应扣还备料款的数额，其计算公式如下：

本期收取的工程进度款 = 本期完成的工程费用总和 − 本期应扣还的预收备料款

式中的本期，若采取定期结算方式，本期为一个月；若采取分段结算方式，本期为一个施工段落。

【例 6-5】 计算例 6-4 中施工单位在 6 月份应收取的工程进度款。

【解】6 月收取的工程进度款 = 850000 − 484500 = 365500 元

第二节 工程结算的编制方法

工程结算的编制原理与施工图预算基本相同。其费用构成，仍然由直接工程费、间接费、利润和税金等组成。

一、中间结算的编制方法

中间结算的编制方法，无论是采用定期结算或分段结算方式，都要先将本月或本段落计划或实际完成的各分项工程量计算出来，根据各分项工程量选套预算定额或单位估价表中的基价计算并汇总确定出直接费，然后根据本地区的费用定额及有关取费规定，计算出其他直接费、现场经费、间接费、利润和税金等各项费用，最后汇总即为本月或本段落的工程进度价款。

若按合同规定，按预支工程款进行施工时，施工企业应根据工程进度编制"工程价款预支账单"（表 6-1），报监理工程师和建设单位审查签章后，通过建设银行办理预付款手续。预支的工程款项，应在中间结算和竣工结算时抵充应收的工程款。

实行预付款结算，每月终了，施工企业应根据当月实际完成的工程价款编制"已完工程月报表"（表6-2）和"工程价款结算账单"（表6-3），报监理工程师和建设单位审查签章后，通过建设银行办理工程结算。

工程价款预支账单   表6-1

建设单位名称：　　　　　　　　　　　年　月　日　　　　　　　　　　　单位：元

工程项目名称	合同预算价值	本旬（或半月）计划完成工程款	本旬（或半月）预支工程款	本月预支工程款	应扣预收工程款	实际预支工程款	说明
1	2	3	4	5	6	7	8

施工企业：　　　　　（签章）　　　　　　　财务负责人：　　　　　　　　（签章）

注：(1) 本账单由承包单位在预支工程款时编制，送建设单位和经办行各一份。

(2) 承包单位在旬末或月中预支款项时，应将预支数额填入第4栏内；若按月预支，应将预支款填入第5栏内。

(3) 第6栏"应扣预收工程款"包括备料款。

已完工程月报表   表6-2

建设单位名称：　　　　　　　　　　　年　月份　　　　　　　　　　　　单位：元

工程项目名称	施工图预算价值	起止时间		实际完成工程款		说明
		开始时间	结束时间	至上月止已完工程款累计	本月份已完工程款	
1	2	3	4	5	6	7

施工企业：　　　　　（签章）　　　　　　　编制日期：　　　年　月　日

注：本表作为本月结算工程价款的依据，送建设单位和经办行各一份。

工程价款结算账单   表6-3

建设单位名称：　　　　　　　　　　　年　月　日　　　　　　　　　　　单位：元

工程项目名称	合同预算价值	本期应收工程款	应抵扣款项					本期实收工程款	备料款余额	本期止已收工程价款累计	说明
			预支工程款	备料款	建设单位供给材料价款	各种往来款	合计				
1	2	3	4	5	6	7	8	9	10	11	12

施工企业：　　　　　（签章）　　　　　　　财务负责人：　　　　　　　　（签章）

注：(1) 本账单由承包单位在月（段）终和竣工结算工程价款时填列，送建设单位和经办行各一份。

(2) 第3栏"本期应收工程款"应根据已完工程月报数填列。

二、工程竣工结算的编制方法

工程竣工结算的编制，因工程结算方法不同而有所差异。因此，应根据工程合同和本地区的有关规定编制工程竣工结算。

（一）投标合同价加签证结算的编制方法

这种工程竣工结算应以投标合同价为基础，对于合同中未包括的条款，但在施工过程中却发生的各种因素所增减的费用，经监理工程师和建设单位认可签证后，与原投标合同价一起编制工程竣工结算。

通常在工程合同中另有约定或发生下列情况之一的可进行调整投标合同价：

（1）甲方代表确认的工程量增减；

（2）甲方代表确认的设计变更或工程洽商；

（3）甲方代表确认的地下障碍物拆除与处理费用；

（4）因不可抗拒的自然灾害造成的损失费用；

（5）一周内非承包方原因造成停水、停电、停气累计超过 8h；

（6）工程造价管理部门公布的价格调整；

（7）合同规定的其他增减或调整。

对于非施工企业原因发生的投标合同价以外的费用，但在工程合同中无条文规定时，承发包双方应签订补充合同或协议，承包方可以向发包方提出工程索赔，作为结算调整的依据。

（二）施工图预算加签证结算的编制方法

这种工程竣工结算是以原施工图预算为基础，凡是在施工图预算中未包括的，在施工过程中发生的历次工程变更、原预算与实际不符、国家经济政策的变化等所增减的费用，经监理工程师和建设单位签证后，施工企业在施工图预算的基础上作增减调整编制竣工结算。

编制竣工结算的具体增减调整内容，主要有以下几个方面。

1．工程量量差

工程量量差，是指施工图预算所列分项工程量与实际完成的分项工程量不相符而需要增加或减少的工程量。一般包括：

（1）设计变更：

1）建设单位提出的设计变更。工程开工后，由于某种原因，建设单位提出要求改变某些施工作法，从而增减某些具体工程项目。

2）设计单位对原施工图的进一步完善，导致某些部位相互衔接而发生量的变化。

3）施工单位提出的设计变更。在施工过程中，由于施工方面的原因，如施工现场的实际情况等需要改变原施工方法、材料代换……，造成设计变更而增减工程量的变化。

4）施工中遇到一些原设计未预料到的具体情况，需要进行处理而引起的设计变更。对于设计变更所增减的项目，必须经设计、建设单位（或监理单位）、施工企业三方研究签证并填写设计变更洽商记录后，方可作为增减工程量的依据。

（2）在施工图纸中反映不到的，但在施工中所发生的特殊原因与正常施工不同而增减的工程量，经建设（或监理）单位同意签证后，可作为工程结算的依据。

（3）施工图预算中某些分项工程量不准确。在编制工程竣工结算前，应结合工程竣工验收，核对实际完成的分项工程量。如发现与施工图预算所列分项工程量不符时，应按实际情况调整。

2．各种人工、材料、机械价格的调整

在竣工结算中，人工、材料、机械价格的调整办法及范围，应按当地造价主管部门的规定执行。

（1）人工单价调整。在施工过程中，施工企业实际发生的人工单价与定额单价不同时，一般不允许调整。对于国家政策性的工人工资标准与定额工资不同时，应按国家规定调整，通常有以下几种方法调整：

1）按预算定额分析的人工用量乘以人工单价的差价。

2）按预算定额或单位估价表计算的人工费乘以系数。

3）按预算定额或单位估价表计算的直接费乘以综合系数。

（2）材料价格调整。预算定额或单位估价表中的材料单价，是以某一地区一定时限确定的综合价格（静态价）。在施工过程中，材料的实际价格在不断地变化，与定额材料价格存在差价。因此，应根据不同施工期的材料实际价格进行调整材料差价。调整方法有两种：

1）对于主要材料，以定额材料用量乘以材料单价差即为主要材料的差价。

市场材料价格以当地造价主管部门公布的指导价或中准价为准。

2）对于非主要材料，以预算定额或单位估价表计算的直接费或材料费乘以综合调差系数。

综合调差系数，应根据市场物价情况由当地造价主管部门确定。

由建设单位供应的材料，按材料预算价格转给施工企业，在工程竣工结算时不调整材料差价。若建设单位交给施工企业材料提货单，且提货地点在定额规定的适用范围内，施工企业应将材料预算价格的原价退还建设单位，不得调整材料原价的差价。

在工程结算中，材料差价的调整范围、方法，必须按当地主管部门规定执行。

（3）机械价格调整。在定额中的机械是按综合机械确定的单价。在施工过程中，施工企业发生的机械单价与定额不同时，一般不允许调整。对于国家政策性的规定允许调整的机械范围，可以按国家规定调整，通常调整方法有以下两种：

1）按预算定额或单位估价表计算的直接费乘以规定的机械调整综合系数。

2）按预算定额或单位估价表计算的机械费乘以规定的机械调整综合系数。

3．各项费用的调整

工程造价中除直接费外，其他各项费用都是以直接费（或定额人工费）为基数乘以相应费率计算的。在工程结算时，若工程量发生增减变化，则各项工程费用也会随之变化。所以，各项费用也应作相应调整。

各种人工、材料、机械的差价，应列入工程成本中，一般不作为计费基础计取其他直接费、现场经费、间接费和利润，但可以计取税金。

其他费用，如因建设单位原因发生的窝工、停工损失费用，应一次结清，分摊到结算的相应工程项目中。施工企业使用建设单位的水、电、通讯等，应在竣工结算时按当地有关规定，将费用退还建设单位。

（三）施工图预算加系数包干和平方米造价包干结算的编制方法

这两种结算方法，一般在甲乙双方签订的合同中已分清了承发包单位之间的义务和经济责任，不再办理施工过程中所承包范围内的经济洽商及签证。所以，在工程结算时不再办理增减调整。但在施工过程中发生了承包范围外的工程内容，而且在合同中规定允许调整的，施工企业应按实际情况计算增减费用，经监理工程师和建设单位认可签章后，以此为据办理工程竣工结算。

三、单位（单项）工程竣工结算书的编制

目前，工程竣工结算书国家没有统一规定的表格，有的用预算表代用，也有的则根据工程特点和实际需要自行设计表格，供结算使用。

工程竣工结算书通常包括：封面、编制说明、工程结算造价汇总表、工程变更直接费计算明细表、材料价差计算明细表及原施工图预算等。

【例6-6】 以本书第四章的最后例题为例，该大酒店室内装饰工程的预算直接费为628500元，在施工过程中发生的各种变更直接费计算见表6-4，材料价差计算见表6-5，该工程的结算造价计算见表6-6。

工程变更直接费计算表 表6-4

年　月　日　　　　　　　　　　　　　　　　　　　　　　　　　　　　第　页

编号	洽商记录	定额编号	分项工程名称	单位	增加部分					减少部分				
					工程量	金额（元）		其中：人工费(元)		工程量	金额（元）		其中：人工费(元)	
						基价	合计	单价	合计		基价	合计	单价	合计
1		1—1	大理石地面	100m²	0.42	25589.46	10747.57	528.50	221.97					
2		1—52	地毯	100m²						0.25	4304.32	1076.08	332.25	83.06
3		1—69	不锈钢栏杆	10m	1.20	6284.90	7541.88	101.00	121.20					
4		2—7	大理石墙面	100m²	0.35	26893.26	9412.64	1264.77	442.67					
5		2—58	釉面砖	100m²						0.45	8483.11	3817.40	1258.78	566.45
6		2—86	墙镜面玻璃	100m²	0.24	8942.00	2146.08	734.94	176.39					
7		2—102	柚木板墙面	100m²						0.36	6719.37	2418.97	548.21	197.36
			合计				29848.17		962.23			7312.45		846.87
			应增加费用				22535.72		115.36					

材料价差明细表

工程名称：某大酒店 表 6-5

序号	材料名称	规 格	单位	定额用量	实际价格（元）	定额价格（元）	单价差（元）	差价合计（元）
1	普通水泥	42.5级	t	8	410.00	390.00	20.00	160.00
2	白水泥	425号	t	3	640.00	600.00	40.00	120.00
3	大理石	500mm×500mm	m²	1260	275.40	239.28	36.12	45511.20
4	茶色玻璃	6mm	m²	450	65.50	52.68	12.82	5769.00
5	铝合金型材		t	2.5	27352.00	26280.00	1072.00	2680.00
6	装饰木线	13mm×25mm	m	2400	4.20	3.96	0.24	576.00
7	柚木板	1220mm×2440mm×3mm	m²	1500	35.00	33.31	1.69	2535.00
8	地毡		m²	680	45.00	36.06	8.94	6079.20
9	不锈钢管	φ89×2.5mm	m	260	142.00	136.00	6.00	1560.00
	合 计							64990.40

装饰工程结算造价汇总表

工程名称：某大酒店 表 6-6

项 次	费用名称	计费基础	费率(%)	金额(元)	备 注
（一）	直接工程费	(1)+(2)+(3)		675026.85	
(1)	竣工直接费	①+②		651035.72	
①	原预算直接费			628500.00	见表4-2
②	工程变更直接费增加			22535.72	见表6-4
A	其中：竣工人工费	a+b		93715.36	
a	原预算人工费			93600.00	见表4-2
b	工程变更人工费增加			115.36	见表6-4
(2)	其他直接费	A	5	4685.77	
(3)	现场经费	A	20.6	19305.36	
（二）	间接费	A	25.18	23597.53	
（三）	利润	A	52	48731.99	
（四）	其他有关费用	(4)+(5)+(6)+(7)		96984.83	
(4)	赶工措施增加费	A	6	5622.92	
(5)	文明施工增加费	A	2	1874.31	
(6)	住房公积金等项费	A	26.14	24497.20	
(7)	材料价差			64990.40	见表6-5
（五）	税金	（一）+（二）+（三）+（四）	3.44	29045.34	
（六）	装饰工程结算造价	（一）+（二）+（三）+（四）+（五）		873386.54	

思考题与习题

6-1 工程结算的编制依据有哪些？
6-2 装饰工程的结算方式有几种？
6-3 中间结算有几种类型？
6-4 什么是定期结算？定期结算有几种方法？
6-5 什么是分段结算？其施工段落如何划分？分段结算的方法有几种？
6-6 什么是年终结算和竣工结算？二者有何区别？
6-7 装饰工程的结算方法有几种？
6-8 什么是施工图预算加签证结算？
6-9 什么是施工图预算加系数包干结算？
6-10 什么是投标合同价加签证结算？
6-11 什么是平方米造价包干结算？
6-12 如何编制工程中间结算？
6-13 工程竣工结算的编制方法有几种？
6-14 在竣工结算时，合同规定允许增减调整的内容有哪些？
6-15 如何调整人工、材料和机械的价格？

6-16 某施工企业承包某宾馆客房的装饰工程，当年计划工作量为 4850000 元，该工程主要材料占装饰工作量的比重为 56%，工程备料款的额度为 25%，计算其本年度预收工程备料款和备料款的起扣点。

6-17 以上题为例，若本阶段累计进度为 78%，前期结算已扣预收备料款的进度为 15%，本阶段共完成装饰工作量为 368600 元，计算本阶段应扣还的预收备料款数额和实际应收取的工程进度款。

第七章 建筑装饰预结算审查

第一节 预结算审查的基本原理

一、预结算审查的意义

装饰工程预结算是建筑工程的重要技术经济文件，其编制的准确程度是通过审查对比来衡量的。及时准确地审查预结算，直接关系到建设单位和施工单位的经济利益，对加强基本建设预算管理，降低工程造价，节约工程投资，提高建筑装饰工程造价的合理性和准确性，具有重要意义。它主要体现在以下几个方面：

(1) 审查预结算是建设工程预算管理制度的重要环节。

(2) 通过审查预结算，可以合理确定装饰工程造价，及时发现预算中存在的高估冒算、丢项漏项和重复计算等问题。

(3) 审查预算能为工程承包签订合同提供可靠的造价指标，从而切实保证施工企业收入合理合法，使建设单位也能合理使用资金，避免浪费。

(4) 审查预算能为银行按进度拨付工程款，办理工程价款结算提供可靠依据。

(5) 能促进施工企业加强施工管理，进行成本核算，向质量、技术、工期要效益，不断提高企业的经营管理水平。

(6) 有利于对建筑装饰工程投资效益分析和竣工后的评估。

二、装饰工程预结算审查的依据

预结算审查是一项技术性和政策性很强的工作，审查时必须遵循国家和省、市各级政府部门的有关政策及技术规定进行。其主要依据有：

(1) 施工图纸和有关标准图集；
(2) 工程承发包合同或意向性协议；
(3) 装饰工程预算定额、单位估价表、费用定额；
(4) 施工组织设计或施工方案；
(5) 地区工资标准、材料价格及机械台班价格等资料；
(6) 批准的装饰工程设计概算文件；
(7) 省、市下发的与工程造价有关的文件及规定；
(8) 设计变更和现场经济签证（审查结算用）。

三、装饰工程预结算的审查程序

装饰工程预结算的审查程序可分为审查准备、审查计算、交换意见和审查定案四部分。

（一）审查前准备工作

审查前的准备工作，主要是熟悉和了解有关情况，搜集整理资料，为下一步的实施审查做好准备。

1. 搜集有关审查的依据资料

搜集审查预结算的依据资料是否齐全，对后面的审查计算能否顺利进行，有直接的影响。

2. 熟悉承发包工程合同

主要熟悉和了解与预算有关的内容，如施工企业的性质、级别、承包方式、结算方式和结算方法、材料供应方式、施工工期等。

3. 熟悉施工图纸和有关标准图集

审查人员必须熟悉工程规模、结构特征、装饰要求与特点、材料选用、各部位的施工方法等情况，掌握工程全貌，做到心中有数。

4. 熟悉施工组织设计或施工方案的有关内容

为了审查预结算选套的定额项目等是否合理，首先必须了解施工组织设计或施工方案中规定各项目采用的施工方法、施工机械、构配件加工方式和运输方式等。

5. 了解施工现场有关情况

深入施工现场了解与预结算有关的水电源和交通运输情况、施工现场宽敞情况，掌握设计变更和现场签证等资料，使预结算审查工作既符合国家规定，又不脱离工程施工实际情况。

6. 熟悉设计概算文件

设计概算是工程施工投资的最高限额，它控制施工图预算和结算。因此，若本装饰工程有设计概算时，审查人员必须了解概算编制和概算造价，以便控制预结算。

7. 熟悉各种定额及文件

审查人员对预结算所依据的预算定额、单位估价表、费用定额及有关文件等，必须做到熟悉和理解，以便准确合理的审查预结算。

8. 了解装饰材料的市场价格

由于装饰材料费占工程造价比重较大，而且材料市场价格与定额价格有较大差异。所以审查人员要及时了解和掌握材料价格的市场行情，做到准确合理的审查材料价差。

9. 确定预结算的审查方式和方法

根据装饰工程投资规模、送审预结算价值及审查期限，选择相应的审查方式和方法。

(二) 审查计算

根据确定的审查方法，对预结算进行具体审查计算，其内容主要包括：总体初步评价；核对选套的定额项目；建筑面积和工程量审查；直接费审查；主要材料分析及价差计算；各项费用及造价的审查。

(三) 审查结果交换意见

整理审查结果，将审查记录中的问题与预结算编制单位和建设单位有关部门交换意见，做进一步核对，统一认识，以便更正、调整预结算项目、工程量及各项费用。

(四) 审查定案

根据交换意见确定的审查结果，将更正后的项目和费用进行计算汇总，填制预结算审查调整表（见表7-1、7-2、7-3）。预结算的编制单位在调整表中要加盖单位公章、负责人签章、编制人加盖编制资格证章；审查单位也要在调整表中加盖公章、负责人签章、审核人加盖审核资格证章。至此，工程预结算审查定案。

直接费调整表

工程名称：　　　表 7-1

序号	分项工程名称	原预（结）算							调整后预（结）算							核减金额（元）	核增金额（元）
		定额编号	单位	工程量	直接费（元）		其中：人工费（元）		定额编号	单位	工程量	直接费（元）		其中：人工费（元）			
					基价	合价	单价	合价				基价	合价	单价	合价		

　　年　月　日

工程造价调整表

工程名称：　　　表 7-2

代号	费用名称	原预（结）算			调整后预（结）算			核减金额（元）	核增金额（元）
		计费基础	费率（%）	金额（元）	计费基础	费率（%）	金额（元）		

　　年　月　日

工程预（结）算审定单　　　　　　　　　　　　　　　　　　　　　　　表 7-3

工程名称_____　　　　　　工程地址_____

建设单位_____　　　　　　施工单位_____

建筑面积_____　　　　　　审定日期_____年_____月_____日

原预（结）算　　　　　　　审定预（结）算　　　　　　　核减（增）
造　　　价_____　造　　　价_____　金　　　额_____

审查单位经办人　　　　　　　建设单位代表　　　　　　　施工单位代表
（签章）_____　（签章）_____　（签章）_____

　　　　　　　　　　　　　　　　　　　　　　　　　　　　　　　　年　月　日

四、装饰工程预结算的审查方式

预结算的审查方式主要根据工程规模、复杂程度、工程投资大小，以及根据各地区、各单位的不同情况和要求确定，一般有单独审查、联合会审、委托审查和专门机构审查等。

1. 单独审查

单独审查是指预结算编完后，由建设单位审核，建设银行或审查部门最后审定的一种预结算审核形式。对发现的问题，通过审核意见书形式通知建设单位和施工单位，进行协商定案。

这种审查方式灵活机动，是目前广泛采用的一种方式。比较适用于中小型工程的预结算审查。

2．联合会审

联合会审是由建设单位或其主管部门、设计单位、施工单位、建设银行或工程造价咨询审查机构等组成的审查组，共同对工程预结算进行审查。

这种审查方式由于有多方代表参加，权威性较高，审查力量强、质量高。但联审牵涉单位多，人员不易集中，受时间限制，而且意见难以统一。适用于工程规模较大、施工技术复杂、专业性较强、设计变更和现场签证较多的工程项目审查。

3．委托审查

委托审查是指不具备联合会审条件，建设单位和建设银行或审计部门不能单独进行审查时，建设单位委托具有编审资格的咨询部门或个人进行审查。

这种审查方式，常应用于不具备审查能力的建设单位、建设银行或审计部门。它适用于中小型工程的审查。

4．专门机构审查

为提高预结算审查质量，提高投资效益，有些地区设有专门的工程造价审查机构。审查人员相对集中、稳定、专业配套，资料齐全，容易积累经验，统一掌握标准。

这种审查方式，由于各专业配套，审查人员力量强，经验丰富，资料和设备齐全。所以，审查速度快、质量高。适用于大中型工程的预结算审查。

五、装饰工程预结算的审查方法

审查装饰工程预结算的方法，应根据工程规模大小、繁简程度、施工企业的预结算编制人员素质等情况不同，选择相应的审查方法。如果预结算的审查方法不当，将对审查质量和速度有很大影响。因此，在审查预结算时，除要注意审查的内容外，还必须采用有效的审查方法，以便提高审查质量，加快审查速度。

通常在审查预结算中，应先进行规范性审查，即逐项审查编制依据、采用的编制方法、预结算的组成内容是否符合有关规定，根据当地现时同类型的工程造价进行比较，初步认定该工程预结算造价指标是否合理，存在的问题是否较多，以此决定适合于本工程预结算的审查方法。然后进行技术性审查，根据已定的审查方法，采取相应的对策，对工程预结算中的工程量项目划分、建筑面积和工程量计算、定额项目的选套、直接费计算、各项费用的计取等内容进行审查、核实。

常用的审查方法有全面审查法、重点审查法、经验审查法和综合指标对比审查法。

（一）全面审查法

全面审查法是按照全部施工图的要求，结合预算定额分项工程中的工程细目，全面系统地逐项进行工程预结算审查。其具体审查方法和审查过程与编制预算的方法、过程基本相同。

这种审查方法的特点是全面细致，能纠正预结算中被发现的所有问题，审查质量高。但审查工作量太大，耗费人力、时间较多。当审查时间紧，审查力量较薄弱时，不宜采用这种方法。

全面审查法适用于工程规模较小、结构简单、施工工艺不复杂和采用标准设计较多的工程。特别是集体所有制或个体企业承建的工程，由于预算技术力量弱，有时缺少必要的技术经济资料，工程预结算差错率较大，应尽量采用这种方法。对于一些变化大，不易用指标控制的工业建筑，最好进行全面审查。

（二）重点审查法

重点审查法是对预结算中工程量数量较大、费用较高的项目进行重点审查，其他项目可不审或简要审查。在重点审查过程中，若发现预结算问题较多，应扩大审查范围，反之，可适当缩小审查范围。

当预结算的编制质量较高，问题较小，采用重点审查方法速度快，省时省力，但审查质量不如全面审查法。

采用这种方法审查时，对于块料材料装饰的楼地面工程、墙面工程、吊顶顶棚工程、铝合金门窗工程等，这些项目材料价格较高，制作复杂，应是工程量及费用审查的重点。

（三）经验审查法

经验审查法是根据以往审查类似工程的经验，对于容易出现问题的项目，采用经验指标进行审查。

这种审查方法是审查速度快，省时省力，但准确程度一般。

对于工程规模小、投资不大，审查人员具有类似工程预结算审查经验时，可采用经验审查。

（四）综合指标对比审查法

综合指标对比审查是利用国家规定的和近期已建成的同类型工程各项技术经济指标，对本工程预结算进行对比审查。

这种审查方法简单易行，适用于在一个建筑区域采用通用设计、标准图纸的同类型多项工程。在审查预结算前，预先编制出较准确的造价指标及其他有关技术经济指标，以此作为标准指标尺度。审查预结算时所审查工程的各项指标与标准指标进行对比，若二者技术经济指标基本相符，即可认为本工程预结算编制质量合格，不必再做审查；如果出入较大，则需通过对比分析，找准重点，进行具体审查。

采用综合指标审查时，不能只考虑工程外表类型基本相同就行，还要考虑工程内部的具体情况不同的差异。例如：虽然是同类型的相同工程，但各部位、各节点也会出现具体设计千差万别；不同的工程地点，材料货源、价格及运输条件也有差异；不同的施工单位和承包方式，其费用计算标准等也会存在差别。若不考虑上述因素，有时两个工程指标相符，不一定能说明预结算编制无问题；若有出入，也不一定不合理。所以采用综合指标对比审查时，要根据工程的具体情况，灵活掌握和审查，以使工程预结算审查合情合理。

虽然各类工程都具有各自的不同装饰特点，但对同一类型工程，其层高、墙厚、装饰方法等，一般都在一定范围内变化，单位建筑面积的造价、劳动力和材料消耗等指标，都相差不大。根据这个共性的规律，可编制出每单位建筑面积的各项综合技术经济指标。

1. 综合技术经济指标的类型及计算

（1）建筑经济指标

建筑经济指标系指建筑造价及其组成部分的费用与建筑面积的比率（元/m^2）。

1）每平方米建筑面积造价指标

$$建筑造价经济指标 = \frac{\Sigma 各专业造价}{总建筑面积}$$

$$各专业经济指标 = \frac{相应专业造价}{总建筑面积}$$

建筑造价经济指标,系指能计算建筑面积的建筑物造价指标。不包括构筑物(如烟囱、水塔等)和室外配套工程(如水、电、动力管网等)。

2) 组成建筑造价的分项经济指标

组成建筑造价的分项经济指标有每平方米建筑面积的人工费指标、材料费指标、机械费指标及由这些费用组成的直接费指标;还有每平方米建筑面积的各项取费指标(如其他直接费指标、现场经费指标、间接费指标、利润指标等)。各项指标可按下列公式计算:

$$分项费用经济指标 = \frac{分项费用}{总建筑面积}$$

$$直接费指标 = \frac{直接费}{总建筑面积}$$

或 直接费指标 = 人工费指标 + 材料费指标 + 机械费指标

$$各项取费指标 = \frac{相应费用}{总建筑面积}$$

3) 组成建筑造价各分项费用占造价的百分比指标

组成建筑造价各分项费用占造价的百分比指标有人工费百分比指标、材料费百分比指标、机械费百分比指标及由这些指标组成的直接费百分比指标;还有各项取费的百分比指标(如其他直接费百分比指标、现场经费百分比指标、间接费百分比指标、利润百分比指标等)。各项指标可按下列公式计算:

$$分项费用百分比指标(\%) = \frac{分项费用}{工程造价} \times 100\%$$

$$直接费百分比指标(\%) = \frac{直接费}{工程造价} \times 100\%$$

或 直接费百分比指标(%) = 人工费指标(%) + 材料费指标(%) + 机械费指标(%)

$$各项取费百分比指标(\%) = \frac{相应费用}{工程造价} \times 100\%$$

(2) 每平方米建筑面积工程量指标

$$工程量综合指标 = \frac{\Sigma 同项工程量}{总建筑面积}$$

(3) 每平方米建筑面积"三量"消耗指标

"三量"消耗指标是指构成单位工程实体所消耗的人工、材料及机械台班的数量指标。各项指标可按下列公式计算:

$$人工消耗指标 = \frac{单位工程人工用量}{建筑面积} \ (工日/m^2)$$

$$某种材料消耗指标 = \frac{单位工程某种材料用量}{建筑面积} \ (用量/m^2)$$

$$某种机械台班消耗指标 = \frac{单位工程某种机械台班用量}{建筑面积} \ (台班/m^2)$$

2．综合指标对比审查的步骤

（1）确定对比的标准指标

标准指标的确定，可根据国家或本地区的概算指标为准，但最好利用近期已建成结算完的同类型工程各项技术经济指标。

（2）确定拟审工程的各种指标

对拟审的工程预结算，利用前面所述的计算公式确定出各种技术经济指标。

（3）用标准指标与拟审预结算指标进行对比审查

利用建筑经济指标进行对比分析，若二者指标很接近，可认为拟审预结算基本正确；若二者指标有较大差距，就应进一步分析差距的原因所在。

通过对建筑经济指标的分析，如果是属于取费标准和计算方法问题，应按规定重新取费。如系设计变更或材料价格的变化，就应计算出变化金额是否符合常规和有关规定。如系直接费问题，则应分析定额项目划分、定额选套和工程量计算是否合理，并利用每平方米建筑面积工程量指标和"三量"消耗指标，进行分析哪些分项工程存在较大的工程量和"三量"消耗的计算错误。

第二节 审查预结算的具体内容

一、预结算总体初步评价

审查预结算时，应遵循从总体到局部，从表面到具体这一由表及里的顺序进行审查。对预结算进行总体初步评价的目的，在于了解预结算的编制水平和工程造价的准确程度，以便确定具体内容的审查深度和审查方法。

总体初步评价预结算的方法是：首先看预结算书的格式、编制程序和内容是否符合规定，再分析主要技术经济指标（如建筑经济指标、单位工程消耗量指标等）与同类工程指标比较，初步确定预结算编制的水平和造价的准确程度，以发现预结算编制中存在的主要问题，确定其审查方法和审查重点。

二、项目划分审查

根据施工图纸和预算定额的有关规定，审查预结算所划分的项目和选套的定额是否准确合理，是否存在重复列项、漏项、多列项以及错套定额等问题。

三、建筑面积和工程量审查

这部分的内容是审查重点，特别是工程量，它直接影响直接费的计算及工程造价的准确性。

（一）建筑面积和工程量审查的基本要求

（1）要按施工图纸和定额中规定的说明、计算规则，结合施工组织设计要求进行审查。

（2）审查工程量计算单位是否与相应定额项目计算单位一致。

（3）审查计算方法是否与定额规定的计算方法一致。

（4）图纸会审纪要中涉及到的增减设计内容，应按规定增减，防止多算或漏算。

（5）按实计算部分，应结合设计变更、现场签证和工程实际情况核实，合理计算。

（6）分项工程之间的分界线应与定额计算规则一致。

(7) 按定额规定应扣除或应增加的内容，是否按规定扣除或增加。

(8) 在定额中已明确综合的工作内容，是否出现重复计算。

(9) 凡是利用系数计算工程量时，审查采用的系数是否正确。

(二) 建筑面积和工程量的审查要点

1. 建筑面积审查

建筑面积主要审查计算尺寸是否按结构尺寸取定。建筑面积的计算，是否符合定额规定的计算规则。

2. 楼地面的工程量审查

(1) 整体地面的工程量，是否按定额规定扣除了有关面积，不应增加的是否重计。

(2) 楼梯面层的工程量，其水平投影面积的计算尺寸是否正确。

(3) 在楼地面定额中，对于综合的内容是否重复计算，或未施工时是否扣除。如整体地面抹灰和楼梯面层，定额中均考虑了踢脚线因素。如果施工有踢脚线不得另外计算；若未施工踢脚线，应按定额规定扣除。

(4) 对于块料地面，审查是否按实际面积计算的工程量，应扣除或增加的面积，是否按定额规定扣除或增加。

(5) 块料地面定额中，均包括了基层水泥砂浆抹灰，审查是否另外计算了水泥砂浆抹灰。

3. 墙柱面工程量审查

(1) 内外墙抹灰的工程量计算尺寸，是否符合设计和定额的有关规定。

(2) 抹灰工程量计算，应扣除和应增加的面积是否扣除或增加，对于不应增加的面积（如洞口侧壁等）是否增加。

(3) 内墙石灰砂浆和混合砂浆抹灰，包括了门窗口和墙大角的护角线及墙内混凝土构件的水泥砂浆抹灰，审查其是否有另外计算水泥砂浆抹灰问题。

(4) 对于墙面铺贴的块料面层，审查是否按实际面积计算的工程量，应扣除或增加的面积，是否按定额规定扣除或增加。

(5) 对于块料面层中的基层抹灰，在面层定额中已包括，审查是否有另外计算问题。

(6) 对于柱面抹灰和镶贴块料，应按结构断面周长乘以柱净高以平方米计算。审查其计算尺寸是否正确。

(7) 木隔断、墙裙、护墙板、玻璃隔墙，审查其是否按图示尺寸实际面积计算的工程量。浴厕木隔断不应扣除门扇面积，但门扇也不另外计算。

(8) 铝合金、轻钢龙骨隔墙、幕墙，是否按图示四周框外围面积计算的工程量。

4. 顶棚装饰工程量审查

(1) 顶棚抹灰应按主墙间净面积计算，不扣除间壁墙、垛、附墙烟囱、检查口和管道所占面积。带梁的顶棚、梁两侧的抹灰面积，并入顶棚抹灰面积计算。

(2) 对于吊顶顶棚应分为龙骨和面层两大部分计算工程量。龙骨按主墙间净空面积计算，顶棚面层按主墙间实铺面积计算。审查其应扣除和不应扣除，应增加和不应增加的面积是否符合定额规定。

5. 门窗工程量审查

(1) 门窗工程量是否按设计和定额规定的种类分别计算。

(2) 对于普通门窗中部分框上镶玻璃、门连窗、普通门窗的上部为半圆窗，其分界线的划分是否符合定额规定。

(3) 各种门窗的工程量，是否按定额规定的计算规则计算。

(4) 门窗定额项目，综合性较大，它不但包括其本身主要部件的加工，还包括了其他配件的加工。因此，要审查是否存在重算、多算等问题。

6. 油漆、涂料工程量审查

(1) 木门窗在制作安装定额中要分别计算框和扇的工程量，但在油漆定额中，框、扇合在一起只能计算一次。因此，要审查其油漆是否存在重复计算问题。

(2) 各种混凝土面和抹灰面的涂料工程量计算，是否符合定额规则。

(3) 油漆工程量的计算方法和采用的系数，是否符合定额规定。

7. 脚手架工程量审查

(1) 脚手架是否存在重复计算工程量问题。

(2) 根据室内净高和顶棚装饰，是否符合计算满堂脚手架的条件。满堂脚手架的超高增加层数计算是否正确。

(3) 各类型脚手架的工程量，其计算尺寸是否符合定额规定和图纸要求。

四、直接费审查

直接费审查的重点是定额基价的套用及换算是否正确，它直接关系到造价的准确程度。因此，审查直接费是预结算审查的主要内容之一。在审查时应注意以下几个方面：

(1) 各分项工程的名称、计量单位与定额是否一致。

(2) 各分项工程所选套的定额是否正确，避免立项不准、套高不套低的现象出现。

(3) 对于设计与定额不同时，若定额不允许调整换算的，是否换算；若定额允许调整换算的，审查调整换算是否符合定额规定。

(4) 对定额中的缺项，但定额规定按类似定额项目执行时，审查所选套的类似定额项目及调整是否合理。

(5) 对于定额缺项需编补充定额时，应审查补充定额的编制依据、方法及计量单位的选择是否符合定额编制原则，资料、数据是否合理，是否经当地工程造价管理部门审查批准。

(6) 对施工图中未具体注明规格、质量要求的，应根据有关设计资料、施工验收规范、使用要求和定额有关规定进行审查。

(7) 对于某些项目在施工组织设计中未注明施工方法和机械类型时，审查其处理办法和选套定额是否合理。

(8) 审查分部工程及单位工程的直接费汇总是否准确无误。

五、主要材料分析及价差审查

材料分析是预结算文件的主要内容，材料用量的计算，对甲乙双方材料结算和材料价差计算有直接的影响。

(1) 主要材料分析及汇总，是否准确合理。

(2) 对于设计与定额不同时，若定额不允许换算的，是否进行了换算；定额允许换算的，其换算是否正确。

(3) 审查材料价差时，材料用量与材料分析的用量是否相符，市场材料价格的选用是否合理，材料价差的计算方法是否正确。

(4) 很多施工单位只调整材料正差，而不调整材料负差。因此，审查材料价差，既要注意材料正差的调增，也要注意材料负差的调减。

六、各项费用及造价审查

(1) 审查取费内容。根据省和本地区的费用定额及有关文件规定，计取的各项费用是否准确合理。

(2) 审查工程类别。根据本省费用定额规定的工程类别划分标准，审查工程类别划分的是否正确。

(3) 审查计费基础和费率。根据工程性质、工程类别、合同规定的承包方式，审查各项费用的计费基础、费率是否符合定额规定。

(4) 审查计费程序和计算方法。各项费用的计算程序和计算方法，是否符合本省费用定额和本地区有关文件的规定。

(5) 对于取费中某些项目需要调整的费率，审查调整方法是否准确合理。

(6) 对于跨年度施工的工程，是否分别按不同年度规定进行的取费。

(7) 工程造价汇总及平方米造价的计算，是否正确。

思 考 题 与 习 题

7-1 审查预结算的意义是什么？
7-2 预结算审查的依据有哪些？
7-3 审查预结算应遵循哪些程序？
7-4 预结算的审查方式有哪些？各自的概念及适用范围是什么？
7-5 审查预结算的方法有几种？各自的概念及适用范围是什么？
7-6 综合指标包括哪些内容？如何计算各种指标？
7-7 采用综合指标审查预结算的步骤有哪些？
7-8 预结算审查的内容主要有哪些？
7-9 建筑面积和工程量审查主要有哪些基本要求？
7-10 装饰主要项目的工程量，如何进行审查？

※第八章 建筑装饰工程招标与投标

第一节 概 述

建筑装饰工程是建筑项目的重要组成部分,为了加强建筑市场的管理,确保建筑装饰市场的公平、公正、统一、健康而有序地发展,维护建设单位、施工单位的合法权益,加强经营管理,提高经济效益,缩短工期,保证建筑装饰工程质量,降低工程造价。目前,建筑装饰工程领域广泛实行招标投标制度,我国在1999年制定发布了《中华人民共和国招标投标法》,自2001年1月1日执行。

建筑装饰工程施工招标是指招标单位将确定的建筑装饰施工任务发包,鼓励建筑装饰施工企业投标竞争,并从中选出技术能力强,管理水平高、信誉可靠且报价合理的施工单位,并以签订合同的方式约束双方在建筑装饰工程施工过程中行为的经济活动。

建筑装饰工程施工投标是指各建筑装饰施工企业根据招标人的招标文件,向招标人提交其依照招标文件的要求所编制的投标文件,以期承包该招标项目的行为。

建筑装饰工程施工招标、投标活动应当遵循公开、公平、公正和诚实信用的原则,以技术水平、管理水平、社会信誉和合理报价等情况开展竞争,不受地区、部门限制。建筑装饰工程施工招标投标是双方当事人依法进行的经济活动,受国家法律保护和约束。凡具备条件的建设单位和相应资质的施工单位均可参加施工招标投标。

一、建设单位招标应当具备的基本条件

根据国家发展计划委员会第5号令《工程建设项目自行招标试行办法》的规定,招标人自行办理招标事宜,应当具有编制招标文件和组织评标的能力,具体包括:

(1) 具有项目法人资格(或者法人资格);

(2) 具有与招标项目规模和复杂程度相适应的工程技术、概预算、财务和工程管理等方面专业技术力量;

(3) 有从事同类工程建设项目招标的经验;

(4) 设有专门的招标机构或者拥有3名以上专职招标业务人员;

(5) 熟悉和掌握招标投标法及有关法律规章。

不具备上述条件的建设单位,须委托具有相应资质的中介机构(咨询、监理等单位)代理招标,建设单位与中介机构签订委托代理招标的协议,并报招标管理机构备案。

从我国的实际情况来看,我国招标工作机构主要有以下三种形式:

(1) 由建设单位的基本建设主管部门或实行建设项目业主责任制的业主单位负责有关招标的全部工作。

(2) 由政府主管部门设立"招标领导小组"或"招标办公室"之类的机构,统一处理招标工作。

(3) 交建设单位委托的专业咨询机构承办招标的技术性与事务性工作,而决策仍由建

设单位做出。

二、施工单位投标应具备的基本条件

投标人是响应招标、参加投标竞争的法人或者其他组织。投标人应当是符合招标文件的规定或国家有关规定所要求的条件的，具有相应的人力、物力、财力、资质、业绩工作经验的法人或其他组织。有关施工单位投标应具备的基本条件如下：

(1) 参加投标的施工单位至少应满足该工程所要求的资质等级。

(2) 参加投标的施工单位必须具有独立法人资格和相应的施工资质，非本国注册的施工单位应按建设行政主管部门有关管理规定取得施工资质。

(3) 为具有被授予合同的资格，投标的施工单位提供令招标单位满意的资格文件，以证明其符合投标合格条件和具有履行合同的能力。因此，所提交的投标文件中应包括下列资料：

1) 有关确立投标的施工单位法律地位的原始文件的副本（包括营业执照、资质等级证书及非中国注册的施工单位经建设行政主管部门核准的资质证件）。

2) 施工单位在过去3年完成的工程情况和现在正在履行的合同情况。

3) 提供按规定的格式填写的项目经理简历，及拟在施工现场或不在施工现场的管理和主要施工人员情况。

4) 提供按规定格式填写完成的该合同拟采用的主要施工机械设备情况。

5) 提供按规定格式填写的拟分包的工程项目及拟承担分包工程项目施工单位情况。

6) 施工单位提供财务状况情况，包括最近2年经过审计的财务报表，下一年度财务预测报告和施工单位向开户银行开具的，由该银行提供财务情况证明的授权书。

7) 有关施工单位目前和过去2年参与或涉及诉讼案的资料。

(4) 两个以上法人或者其他组织可以组成一个联合体，以一个投标人的身份共同投标。联合体各方均应当具备承担招标项目的相应能力；国家有关规定或者招标文件对投标人资格条件有规定的，联合体各方均应当具备规定的相应资格条件。由同一专业的单位组成的联合体，应当按照资质等级较低的单位确定资质等级。

联合体各方应当签订共同投标协议，明确约定各方拟承担的工作和责任，并将共同投标协议连同投标文件一并提交招标人。联合体中标的，联合体各方应当共同与招标人签订合同，就中标项目向招标人承担连带责任。

(5) 投标人不得相互串通投标报价，不得排挤其他投标人的公平竞争，损害招标人或者其他投标人的合法权益。投标人不得与招标人串通投标，损害国家利益、社会公共利益或者他人的合法权益。禁止投标人以向招标人或者评标委员会成员行贿的手段谋取中标。投标人不得以低于成本的报价竞标，也不得以他人名义投标或者以其他方式弄虚作假，骗取中标。

第二节 招标标底的编制

一、标底的概念与作用

1. 标底的概念

标底是建筑装饰工程造价的表现形式之一，它可由招标单位自行编制，也可以委托经批准的、具有编制标底资格和能力的中介机构代理编制，但不得委托施工单位或负责该招标工程设计的设计院代理编制。它是按规定报经审定的招标工程的预期价格。

在标底中要详细反映标底造价的数据，一般包括如下内容：

(1) 标底的综合编制说明。编制单位名称，主要编制人及专业证书号。编制依据、标底包括与不包括的内容、其他费用的计算依据，需要说明的其他问题。

(2) 标底价格的审定书和计算书、带有价格的工程量清单、现场因素、各种施工措施费的测算明细以及采用固定价格工程的风险系数测算明细等。

(3) 主要材料用量。

(4) 标底附件：如各项交底纪要、各种材料及设备的价格来源、现场地质、水文、地上情况的有关资料、编制标底价格所依据的施工方案或施工组织设计等。

2．标底的作用

(1) 能够使招标单位预先明确自己在拟建的建筑装饰工程中应承担的财务义务；

(2) 是上级主管部门核实建设规模的依据；

(3) 是衡量投标单位标价的准绳。只有有了标底，才能正确判断出投标者所投报价是否是合理的、可靠的；

(4) 是评标的重要尺度。只有制定了科学的标底，才能在定标时作出正确的抉择，否则评标就是盲目的。

所以，招标工程编制标底，必须采取严谨认真的态度，同时也必须遵循一定的原则，按科学的方法来编制。

二、编制标底应遵循的原则

(1) 根据国家规定的统一工程项目划分、统一计量单位、统一计算规则以及设计施工图纸、招标文件，参照国家规定的基础定额和国家、地方、行业规定的技术标准规范，确定工程量和编制标底。

(2) 按工程项目同类别来计价。

(3) 标底价格应由成本、利润、税金组成，一般控制在批准的总概算（或修正概算）及投资包干的限额内。

(4) 标底价格作为建设单位的期望价格，应力求与市场的实际变化相吻合，要有利于竞争并保证工程质量。

(5) 标底价格应考虑人工、材料、机械台班等价格变动因素，还应包括施工不可预见费、包干费、措施费（赶工措施费、施工技术措施费）以及现场因素的费用、保险、采用固定价格计价方式时的工程风险金等。另外对于工程要求优良的，还应增加相应的费用。

(6) 一个工程只能编制一个标底。

(7) 标底编制完成后，密封报送招标管理机构审定。标底一经审定应密封保存至开标时所有接触过标底的人员均负有保密责任，不得泄漏。

三、编制标底的主要程序

当招标文件中的商务条款确定后，就可进入编制标底阶段。编制建筑装饰工程标底的主要程序如下：

(1) 确定标底的编制单位。标底由建设单位自行编制，还是委托经建设行政主管部门批准的有编制标底资格和能力的中介机构代表编制。

(2) 提供如下资料，以进行标底的计算：
1) 全套设施施工图纸及现场地质、水文、地上情况等有关资料；
2) 招标文件；
3) 领取标底价格计算书、报审的有关表格。

(3) 参加交底会及现场勘察。标底编制审核人员均应参加设计施工图交底、施工方案交底以及现场勘察、招标预备会，以便于标底的编制、审核工作。

(4) 编制标底。编制人员应严格按照国家的有关政策、规定，科学认真公正地编制标底价格。

第三节 投标报价的编制

一项工程在投标之前，要先计算标价。进行投标的施工单位根据招标文件要求，以设计施工图纸和国家政策法令和有关规定作为计价依据，进行投标报价，它是建筑装饰工程投标工作的重要环节。一般来说，标价高了不易中标；标价低了要亏本，也很可能拿不到标。所以，报价的正确与否对施工单位能否中标及中标后的盈利情况起着决定性作用。同时要研究投标策略，以便提出更有竞争力的投标报价。

一、投标报价的程序

投标报价应遵循一定的程序来进行，如图 8-1 所示。

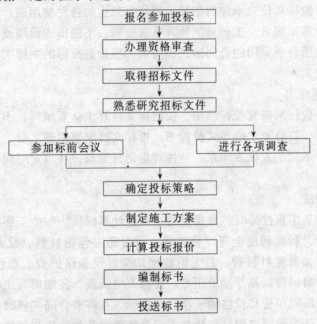

图 8-1 建筑装饰工程投标报价程序

1. 熟悉、研究招标文件

投标单位报名参加或接受邀请参加某工程的投标，在通过了资格审查并取得了招标文件之后，下一步的工作就是应认真仔细地研究招标文件，熟悉并研究其内容组成和所规定的要求，弄清承包责任和报价范围，避免遗漏。

2. 进行各项调查

所谓调查是指投标中环境的调查，它包括招标施工现场的自然环境以及市场经济和社会条件的调查等。因这些内容的不同势必影响工程的成本，所以在投标报价前必须对此内容做以调查并详细了解。

3. 确定投标策略

投标策略是指一项工程投标时报价的决策。投标策略的正确选用，对投标单位提高中标率并获得较高利润起着重要作用。常用的投标策略有以信誉取胜，以低价取胜，以改进设计取胜、以缩短工期取胜，同时也可采取以退为进、以长远发展为目标策略等。投标报价的基本出发点是使报价决策能够达到经济性和时效性。经济性是指能合理利用施工企业有限资源，发挥优势，积极地承揽工程，使施工企业实际施工能力与工程任务相均衡，获得经济效益。时效性是指综合考虑企业目标，竞争对手情况，以及投标的各种因素，合理可行地作出报价决策方案。

4. 制定施工方案

通过对各项调查的掌握，投标单位的技术负责人制定施工方案，主要包括施工方法、主要施工机具的配备，各工种劳动力的安排及施工现场人员的平衡，施工进度及相应竣工的安排，安全措施等内容。并进行技术经济比较，选择出最优施工方案，使投标更有竞争力。

5. 计算投标报价

投标计算是指投标单位对承建的招标工程所要发生的各种费用的计算。首先必须根据招标文件复核或计算工程量，工程量的计算要求准确，不能出现漏项或重复。费用的计算要合理，同时还必须与所采用的合同形式相协调，报价是投标的关键工作，它的合理性直接影响投标的成败。

6. 编制、投送标书

编制标书前，应仔细研究投标须知，按招标文件要求认真填写，不允许擅自改动其内容，以编制合理的、符合要求的正式投标书。投标文件编制完备之后，投标人即应在投标书上依规定加盖公章和法人代表印章，并按规定密封妥当，在规定时间内将投标文件投送到指定地点。

二、标价的组成

投标单位在对某工程投标时，最重要的工作是计算标价。一个工程项目的投标标价包括直接费、间接费、利润和税金等综合数据，同时还应包括材料、设备用量、单价及差价、工程措施费（如贵重材料费、赶工措施增加费、设备保护费、总包工程协调费等）、特殊工种技术人员培训费以及浮动费用等。投标人应认真、仔细填写工程量表的有关单价和价格。对于没有填写单价和价格的子项目，招标人在将来合同实施时可以不对该项目的费用进行支付，并认为此项费用已包括在工程量清单的其他单价和价格中。因此，投标人在计算和确定投标标价时应全面考虑，认真、谨慎行事，做出合理的标价。

三、投标报价的编制方法

1. 标价的计算依据

（1）建设单位即招标单位所提供的招标文件。

（2）招标单位所提供的设计施工图纸以及与工程有关的各项说明。

（3）国家及各省、市、地区所颁发的现行建筑装饰工程预算定额及与之相配套的费用定额、各项规定标准等。

（4）地区现行材料价格、供应方式及采购地点等。

（5）因招标文件及设计施工图等内容不清楚，经汇报咨询后由招标单位进行书面答复的有关资料。

（6）企业内部制定的相应定额、规定和标准等。

（7）国家和省规定的与报价计算有关的政策性调整费用及其他相关费用。

建筑装饰工程项目的标价组成较为复杂，特别是对于不可预见费用的计算，一定要给予充分的考虑，避免出现任何的失误和疏漏。投标人为了加大利润，任意提高标价，以及为了中标，不切实际地降低标价，以低于成本的报价参与投标竞争，都是不可取的，导致围绕投标所做的一切工作都将前功尽弃。所以慎重确定投标报价是十分必要的。

2．标价的计算方法

在充分熟悉、研究招标文件和设计施工图纸，掌握施工现场各项调查情况，并审核招标单位在招标文件中所提供的工程量清单后，工程量一经计算确定，即可进行标价的计算，标价的计算方法主要有两种：

（1）工料单价法。即根据已确定的工程量，按照现行定额或市场行情的单价，逐项计算每个项目的价格，分别填入到招标单位提供的工程量清单相应位置内，汇总计算出全部工程直接费。再根据规定的各项费率和标准等依次计算出其他直接费、间接费、利润和税金等，最后得出工程总造价。

（2）综合单价法。即填入招标单位提供的工程量清单中的单价，包括人工费、材料费、施工机械使用费、其他直接费、间接费、利润、税金以及材料价差及风险费用等全部费用。算出每项工程的价格、汇总得出工程总造价。

四、投标报价的决策、策略与技巧

（一）投标报价的决策

计算出标价后，投标方召集算标人、决策人、高级咨询顾问人员对计算的结果进行必要的研究和分析，分析标价的合理性、盈利性和风险性。

对标价的分析可采用静态分析和动态分析两种方法。静态分析是指对所计算的工程项目标价进行数据分析，分析各项费用的实际消耗量、总费用成本和单位费用成本之间的有机构成及其结构比重。首先是分析各费用项目的实际消耗在总费用成本中所占的比例指标；其次是对各类指标及比例，分析标价结构的合理性；另外还可分析劳动生产率，即参照同类工程项目建设的经验，分析单位最终产品价格，用工、用料的合理性。标价的动态分析，是将所计算的标价进行横向和纵向比较。所谓横向比较，是将此标价与同类工程项目的标价相比较，分析标价的高低及其合理性，对不合理的工程项目单价进行重新调整和确定。所谓纵向比较，即将该项目标价与以前年度所承接的同类工程项目标价做以比较，比较各费用项目的构成，项目单价及其变动趋势，分析研究工期延误、物价上涨、工资上涨、外汇汇率的变化等主客观因素对工程项目标价的影响。

只有充分、认真地进行上述分析、研究，才能做出最后的报价决策。

（二）投标的策略

凡是参加投标的单位都希望自己能够中标，以取得工程承包权。为了中标，各投标单位都将根据本企业的实际情况,做出相应的投标策略。投标策略是指参与投标的施工单位在投标竞争中的指导思想和系统的工作部署以及参与投标竞争的方式、方法和手段。投标策略所涉及的范围较广泛,例如是否投标、投标项目的选择、投标报价等方面,均包含投标策略,并贯穿于投标竞争的始终。一般投标策略有以下几种:

1．以信取胜

它是指根据施工单位长期形成的良好的社会信誉,技术水平和管理水平的优势,优良的工程质量,合理的报价和工期,以及良好的服务措施等因素而争取中标。

2．以快取胜

它是指通过采取有效、可行的措施缩短工期,以吸引招标单位而争取中标的一种策略。

3．以廉取胜

它是指通过降低扩大任务来源,从而降低固定成本在各个工程上的摊销比例,既降低工程成本,又为降低新投标工程的标价创造了条件。采取这一策略的前提必须是保证施工质量。

4．以改进设计方案取胜

它是指在对原设计施工图纸的设计方案进行仔细研究后,发现了明显的不合理之处,通过认真分析,提出合理的改进设计方案建议和切实可行的降低造价的措施。若采用此策略进行投标,一般先按原设计进行报价,再按新的建议另外报价。

5．以退为进取胜

在研究招标文件时,发现确实有不明确的内容,并有可能据此索赔时,可先报低价以争取中标,然后再寻找索赔机会。但是采用此策略要求投标单位有相当成熟的索赔经验。

6．以长远发展而取胜

是指投标单位不以暂时的盈利为目的,而把目光放得更远,如:为开辟新市场、为掌握新的施工技术等,投标单位都可采用微利甚至无利的报价方式而参与竞争。

以上的投标策略各投标单位一定要根据实际情况加以利用,切记盲目跟从。

(三) 报价技巧

报价技巧是指投标单位在投标报价中采用一定的手法或技巧以提高中标率,同时中标后又能获得更多的利润。报价技巧一般有以下几种:

1．根据招标项目的不同特点采取不同的报价

投标单位投标报价时,综合考虑各种因素,即要认清自己的优势和劣势,同时也应根据工程项目的不同特点、类别、施工现场等选择相应的报价技巧。

(1) 报价可稍高一些的工程项目

对于专业性强的工程,施工条件差的工程,总价低的小工程,特殊工程,工期紧的工程,投标对手少的工程,支付条件不理想的工程等,投标单位可适当提高报价。

(2) 报价稍低一些的工程项目

对于施工条件好、工程量大且技术难度小,任何施工单位都可以进行施工的工程;施工单位目前急于打入某一市场或地区的领域,或在该地区面临其他工程的结束,而机械和设备等无工地转移时的工程;施工单位有条件在短期内尽快完成的工程;工期要求不急的工程;投标对手多,竞争相对激烈的工程;支付条件好的工程等,投标单位应适当降低报

价。

2. 活口报价

是指投标单位对工程报价留下一些活口,这样在表面上看来报价较低,但在投标报价时附加多项备注,留在施工过程中另行处理。所以,表面的低标其最后结果却是高标。

3. 多方案报价法(适用于协商议标)

对于一些招标文件,如发现工程范围不明确,某些条款不清楚等问题或本身就有多方案存在,则投标单位可采用多方案报价法。先按原投标文件报一个价,然后再提出,如某些条款做以变动,报价可降低多少,由此再报告一个较低的价,最后与招标单位协商处理。

4. 不平衡报价法

它是指在一个工程项目总报价基本确定后,调整内部各个项目的报价。例如对于预计今后工程量会减少的项目,单价可适当降低;对于能够早日结账收款的项目(如土石方工程、基础工程、桩基等)可适当提高。这样既不改变总价,不影响中标,同时在结算时又会取得很好的经济效益。

5. 突然降价法

在投标报价中各竞争对手往往会通过各种渠道来刺探对方的情况。为此,先按一般情况报价或表现出对该投标工程兴趣不大,到快投标截止时,再突然降价,为中标打下基础。此种方法最好与不平衡报价法相结合,在结算时以期取得更高的效益。

6. 无利润报价

它是指投标单位根本不考虑利润而报价,对于缺乏竞争优势的承包商,常在以下几种情况下采用此报价方法。

(1) 企业较长时间无施工任务,吃国家贷款,为了减少吃国家贷款,而争取中标,以维持公司的正常运转。

(2) 企业为了创牌子,先以低价获得首期工程,而后赢得机会去争取二期工程,并在以后的投标报价中获得利润。

第四节 开标、评标与中标

在工程项目的招标与投标中,开标、评标是一个重要的环节。

一、开标

开标是招标人按照招标公告或者投标邀请函规定的时间、地点,当众开启所有投标人的投标文件,宣读投标人名称、投标价格和投标文件的其他主要内容的过程。通常开标有两种形式。第一种是公开开标,即招标单位在公证部门的鉴证下,由投标人参加并将所有参加投标单位的标书当众启封揭晓。第二种是秘密开标,即主要由招标单位和有关专家秘密进行开标,不通知投标人参加开标仪式。在特殊情况下,例如建设项目涉及国家安全、机密等方面时,可采用秘密开标的方法。

开标一般按以下程序进行:

(1) 招标委员会负责人宣布开标开始,宣布参加开标人员名单,包括招标方代表、投标方代表、公证员、法律顾问、拆封人、唱标人、监标人以及记录人员等名单;并宣布评标原则和注意事项。

(2) 宣布开标后日程安排。

(3) 在招标单位和投标单位及公证人员参与的情况下，验证投标文件的完整性和密封性，确认无误，并由双方在登记表上签字后，方可开标。

(4) 招标委员会负责人，依据投标单位递交标书的日期先后顺序，交由拆封员当众开启标书，唱标员当众宣读投标单位名称、投标价格和投标文件的其他主要内容，由记标员予以记录，记标后由投标单位当场签字。

(5) 公证部门公证开标结果，宣布是否符合法律程序。

(6) 唱标结束后，记录表由负责人、唱标人、公证人签名，并保留存档。

二、评标的原则及程序

评标是招标人根据招标文件的要求，对投标单位所报送的投标文件进行审查和评议的过程。评标的目的在于从技术、经济、组织、管理和法律等方面对每份投标书进行筛选和评估，以选择最佳的标书作为合格的中标候选单位。

评标是一项重要同时又很复杂的综合性工作，要求遵循如下原则和程序。

(一) 评标的原则

(1) 体现竞争，择优选取。

(2) 公平、公正、平等。

(3) 信誉高、质量好、工期适当、费用合理、施工方案先进且可行。

(4) 保密性。

(5) 反对不正当的竞争。

(6) 规范性与灵活性相结合。

(二) 评标程序

1. 阅标

是指评标委员会成员全面、充分地审阅研究所有投标文件，以确定各投标书对招标文件的响应程度。评阅标书的主要内容有：

(1) 审查投标书对招标文件所列的条件和规定有无实质性的偏离。

(2) 审查投标书的完整性。

2. 询标

阅标后，评标委员会将对投标书中不明确的问题和内容，拟出清单要求各投标单位对清单中的问题做以解释和说明。可以将问题清单分别寄送各投标单位，要求做出书面答复；也可以举行澄清会，由各投标单位派代表参加，当面解决问题。

在澄清会上，评标委员会的工作人员不得泄露任何评审情况，其活动只限于提出问题和听取答案，不得进行任何评论和表态。

要以书面的形式做解释和说明，并将作为投标文件的一部分。

3. 技术评审

包括方案可行性评审和关键工序评审，劳务、材料、机械设备、质量控制措施评审以及对施工现场周围环境污染的保护措施的评审。技术评审的目的是进一步确认投标单位完成本工程项目的技术能力，为定标提供依据，大致内容如下：

(1) 对投标文件是否包括招标文件所要求提交的各项技术文件，以及它们同招标文件中的技术说明和图纸是否一致进行评审。

(2) 对施工方案的可行性进行评审。

(3) 对施工进度计划的可靠性进行评审。

(4) 对供应的材料和机械设备的技术性，是否符合设计技术要求进行评审。

(5) 对施工质量的控制与保证及相应的管理措施是否可行进行评审。

(6) 对提出的技术建议和替代方案进行评审。

(7) 对施工现场周围环境污染的保护措施进行评审。

(8) 对施工中可能遇到的问题是否做出了充分估计和妥善预备处置方案进行评审。

4．商务评审

包括投标报价的校核；审查报价计算是否正确；分析报价的构成是否合理，并与标底价格进行对比分析。其目的是从成本、财务和经济分析等方面评定投标报价的合理性和可靠性。

5．评标报告

评标委员会评标结束后，应向招标人提出书面评标报告，然后招标人报招标管理机构审查。评标报告的主要内容应包括：

(1) 叙述招标过程简况；

(2) 开标情况；

(3) 评标情况；

(4) 推荐中标候选人意见；

(5) 附件，包括评标委员会人员名单，投标单位资格审查情况表，投标文件符合性鉴定表，投标报价评比表，投标文件咨询澄清的问题等。

如果评标报告被批准，即可确定中标单位。

6．意外情况的处理

如发生下述任一情况，经招标管理机构同意可以拒绝所有投标，宣布招标失败。

(1) 最低投标报价高于或最高投标报价低于一定幅度时；

(2) 所有投标文件实质上均不符合招标文件要求。

若发生招标失败，则招标单位应认真审查招标文件及标底，做出合理的修改经招标管理机构同意后方可重新再办理招标。

三、评标指标的设置

1．标价

评定标价时，可选择以标底为中准值的浮动幅度方法或合理的低标价。

2．施工方案

此项评价应适当突出关键部位施工方法或特殊技术措施是否科学、合理、可靠，以及保证质量、工期的措施是否可行。

3．质量

应符合国家施工验收规范合格或优良标准。同时应满足招标文件的要求。

4．工期

应满足招标文件的要求。

5．信誉和业绩

为了贯彻信誉好、业绩高的企业多中标，中好标的原则，使用评审指标时，可适当侧重施工方案、质量和信誉。

四、中标

经过评标，最后确定出中标单位，根据《中华人民共和国招标投标法》中标人的投标应当符合下列条件之一：

（1）能够最大限度地满足招标文件中规定的各项综合评价标准；

（2）能够满足招标文件实质性要求，并且经评审的投标价格最低，但是投标价格低于成本的除外。

《招标投标法》中还规定，中标人确定后，招标人应当向中标人发出中标通知书，并同时将中标结果通知所有未中标的投标人。中标通知书对招标人和中标人具有法律效力。中标通知书发出后，招标人改变中标结果的，或者中标人放弃中标项目的，应当依法承担法律责任。招标人和中标人应当自中标通知书发出之日起三十日内，按照招标文件和中标人的投标文件订立书面合同。招标人和中标人不得再行订立背离合同实质性内容的其他协议。招标文件要求中标人提交履约保证金的，中标人应当提交。

思 考 题 与 习 题

8-1 什么是标底，编制标底应遵循哪些原则？

8-2 标价的计算方法有哪些？

8-3 投标的策略和技巧有哪些？

8-4 评标的程序是什么？

8-5 评标指标是如何进行设置的？

主 要 参 考 书 目

1. 中华人民共和国建设部标准定额司主编．全国统一建筑工程基础定额和预算工程量计算规则．北京：中国计划出版社，1995
2. 唐连珏主编．工程造价人员进修必读．北京：中国建筑工业出版社，1997
3. 侯国华主编．建筑装饰工程定额与预算．天津：天津科学技术出版社，1997
4. 周树琴主编．建筑工程造价与招标投标．成都：成都科技大学出版社，1998
5. 柴晓东主编．最新建筑高级装饰实用全书（上、中、下）．北京：中国建材工业出版社，1998
6. 杨晓林主编．建筑装饰工程预算与投标．哈尔滨：黑龙江科学技术出版社，1998
7. 孙琬钟主编．中华人民共和国招标投标法释义与适用指南．北京：中国人民公安大学出版社，1999
8. 李宏杨主编．建筑装饰工程造价与审计．北京：中国建材工业出版社，2000
9. 黑龙江省建设委员会定额研究站主编．黑龙江省建设工程预算定额（高级装饰）．哈尔滨：黑龙江科学技术出版社，2000
10. 黑龙江省建设厅定额研究站主编．黑龙江省建筑安装工程费用定额．哈尔滨：黑龙江科学技术出版社，2000
11. 王春宁主编．建筑工程概预算．哈尔滨：黑龙江科学技术出版社，2000
12. 丛培经主编．建设工程技术与计量．北京：中国计划出版社，2001